全生育期绿色防控

图解棉花病虫害识别
与绿色防控

Cotton

全国农业技术推广服务中心 ｜ 组编

卓富彦 ｜ 主编

中国农业出版社
北 京

图书在版编目（CIP）数据

图解棉花病虫害识别与绿色防控 / 全国农业技术推广服务中心组编 . -- 北京 : 中国农业出版社，2024.
12. -- ISBN 978-7-109-32873-0

Ⅰ.S435.62-64

中国国家版本馆 CIP 数据核字第 2024EA9303 号

图解棉花病虫害识别与绿色防控

TUJIE MIANHUA BINGCHONGHAI SHIBIE YU LÜSE FANGKONG

中国农业出版社出版

地址：北京市朝阳区麦子店街18号楼

邮编：100125

责任编辑：郭晨茜

责任校对：吴丽婷

印刷：北京缤索印刷有限公司

版次：2024年12月第1版

印次：2024年12月北京第1次印刷

发行：新华书店北京发行所

开本：700mm×1000mm 1/16

印张：9.5

字数：155千字

定价：69.00元

编委会

前　言　Foreword

　　棉花是我国重要的经济作物和国家战略物资，常年种植面积约300万hm^2，年产量保持在500万t以上，确保棉花安全生产对保障我国农业生产稳定和纺织产业发展具有重要意义。仓廪实，则天下安，植物保护工作事关粮食安全、农产品质量安全和生态环境安全，涉及人类生产、生命、生活和生态各个方面，病虫害防控是影响农作物保单产、稳总产的重要因素，棉花病虫害绿色防控是推动棉花产业高质量发展的关键举措，更是发展农业新质生产力的应有之义。

　　我国棉花病虫害常年发生面积约550万hm^2次，其中棉花苗病、铃病、黄萎病、枯萎病以及棉蚜、棉铃虫、棉盲蝽、棉叶螨、棉蓟马等主要病虫害严重影响棉花的产量和品质。近年来，随着气候变化、种植结构调整及耕作制度变革，棉花病虫害的发生规律变化明显，黄萎病、铃病、棉蚜、棉叶螨等多种病虫害在部分地区加重发生，棉花病虫害绿色防控所面临的工作挑战不断加大。2022年以来，在"十四五"国家重点研发计划项目支持下，新疆等省份聚焦新形势下棉花病虫害发生规律和为害特点，示范推广农业防治、理化诱控、生物防治、科学用药等绿色防控关键技术，集成组装全生育期

病虫害绿色防控技术模式，不断提升棉花病虫害可持续治理水平，进一步推动全国棉花产业绿色高质高效发展。

本书由全国农业技术推广服务中心组编，系统阐述了我国棉花主要产区与病虫害发生防治概况，详细描述了棉花全生育期主要病虫害识别特征，重点介绍了棉花主要病虫害绿色防控技术，分类总结了三大棉区的棉花全生育期病虫害绿色防控集成模式。相信本书的出版，将会更好地指导广大基层植保技术人员以及植棉大户等新型经营主体开展病虫害防治，扎实推动棉花病虫害绿色防控工作，对实现植保防灾减灾、棉花稳产丰收具有重要的现实意义。

本书在编写过程中获得了全国农业技术推广服务中心领导和专家的悉心指导，得到了各棉花主产省份植保（植检、农技）站（总站、中心）以及各县（市、区）植保站的大力支持，本书的出版也得到了"十四五"国家重点研发项目"新疆棉花病虫害演替规律与全程绿色防控技术体系集成示范"（2022YFD1400300）的资助，在此一并表示感谢。

棉花病虫害绿色防控技术发展迅速，由于时间和能力有限，书中难免出现疏漏和不足之处，恳请读者批评指正。

编　者

2024 年 11 月

目 录 Contents

第三章　棉花主要病虫害绿色防控技术

第四章　棉花全生育期病虫害绿色防控技术模式

第一章
我国棉花主要产区与病虫害发生防治概况

第一节
我国棉花的主要产区

　　中国是世界上的传统植棉国，2012—2022年，年均棉花播种面积352.34万hm²，平均单产1 695.36kg/hm²。我国棉花种植范围广泛，主要划分为三大棉区，即西北内陆棉区，包括新疆、甘肃等省份；黄河流域棉区，包括山东、河北、河南、天津、陕西、山西等北方省份；长江流域棉区，包括湖北、安徽、湖南、江西、江苏、浙江、四川、广西、贵州等南方省份，受种植结构调整、种植比较效益等因素的影响，近年来种植区域西移，新疆成为目前中国植棉面积最大的省份。

　　回顾2012—2022年棉花种植情况，2012年全国总种植面积最大，为435.96万hm²，随后呈下降态势，并在300万～350万hm²范围保持稳定。2018—2022年，最大种植面积出现于2018年，达335.44万hm²，至2022年为300.03万hm²。

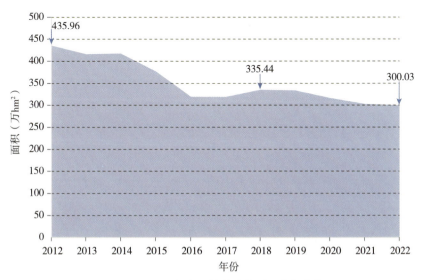

2012—2022年全国棉花种植面积变化趋势

2012—2022年，西北内陆棉区种植面积呈上升趋势，于2018年达251.28万hm²，并稳定在250万hm²附近，至2022年种植面积251.72万hm²。另一方面，黄河流域棉区种植面积呈下降趋势，自2012年129.09万hm²，至2022年下降为24.28万hm²。同时，长江流域棉区也呈现类似的下降趋势，自2012年112.40万hm²，至2022年下降为23.46万hm²。

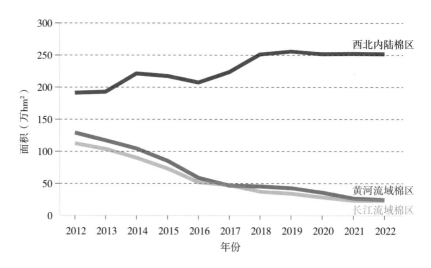

2012—2022年主要植棉产区棉花种植面积变化趋势

2012—2022年，全国棉花年均种植面积最大的省份为新疆，为226.14万hm²，其次为山东，年均种植面积29.40万hm²，河北位居第三，面积为26.16万hm²，湖北为第四，面积23.60万hm²，安徽为第五，面积14.08万hm²。年均植棉面积1万～10万hm²的有七个省份，分别为湖南（9.81万hm²）、河南（5.78万hm²）、江西（5.70万hm²）、江苏（3.69万hm²）、甘肃（2.70万hm²）、天津（1.94万hm²）和陕西（1.21万hm²）。年均植棉面积0.1万～1万hm²的五个省份分别为山西（0.86万hm²）、浙江（0.58万hm²）、四川（0.45万hm²）、广西（0.15万hm²）和贵州（0.12万hm²）。年均植棉面积低于0.1万hm²的省份为上海（0.07万hm²）、内蒙古（0.04万hm²）、福建（0.008万hm²）、云南（0.009万hm²）、广东（0.007万hm²）、北京（0.007

万hm²）、辽宁（0.006万hm²）、重庆（0.001万hm²）、宁夏（0.001万hm²）、海南（0.001万hm²）。

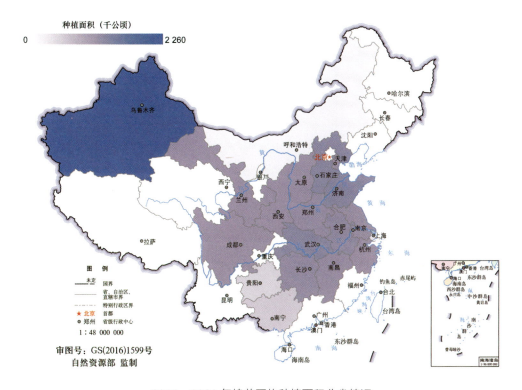

2012—2022年棉花平均种植面积分省情况

　　2012—2022年，新疆棉花种植面积呈上升趋势，于2018年达249.13万hm²，并稳定在250万hm²附近，至2022年种植面积249.69万hm²。2012—2022年，山东棉花最大种植面积为2012年56.21万hm²，之后呈下降趋势，并于2014年面积减少至不足50万hm²，为49.60万hm²，至2022年种植面积为11.33万hm²。类似地，河北、湖北和安徽棉花种植面积最大均为2012年，分别为44.67万hm²、47.29万hm²和30.49万hm²，至2016年下降趋于缓慢，分别为23.09万hm²、20.50万hm²和11.01万hm²，至2022年种植面积分别为11.61万hm²、11.58万hm²和3.03万hm²。

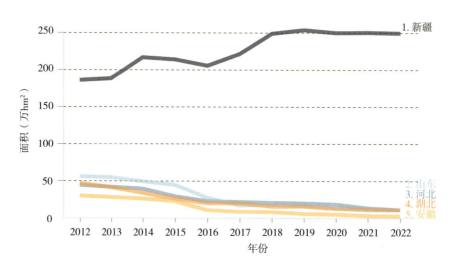

2012—2022 年平均植棉面积前五省份的棉花种植面积趋势

2012—2022年，全国棉花总产量最高为2012年661.00万t，随后呈下降态势，于2016年最低，为534.28万t，之后上升并在600万t左右波动。近五年最高产量出现于2018年，达610.28万t，至2022年为598.02万t。

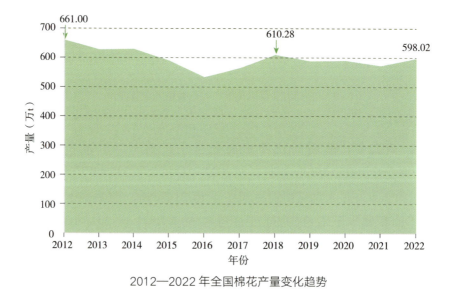

2012—2022 年全国棉花产量变化趋势

2012—2022年，西北内陆棉区棉花产量于2012—2016年相对稳定，为397.28万t～410.09万t,2016—2018年产量迅速提升，于2018年达514.62万t,

随后呈缓慢上升态势，至2022年产量为543.36万t。同时，黄河流域棉区产量呈下降趋势，自2012年129.27万t，至2022年下降为30.12万t。类似地，长江流域棉区产量自2012年129.99万t，至2022年下降为23.87万t。

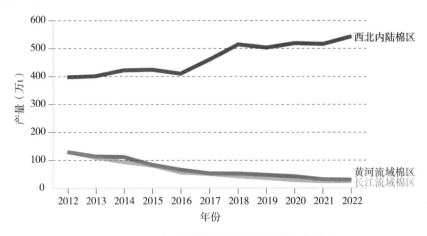

2012—2022年主要植棉产区棉花产量变化趋势

2012—2022年，全国棉花年均产量最高的省份为新疆，为460万t，其次为山东，年均产量32.74万t，河北位居第三，产量为26.02万t，湖北为第四，产量23.94万t，安徽为第五，产量13.44万t。2012—2022年湖南年均棉花产量也超过了10万t，为12.19万t。年均棉花产量1万t～10万t的有六个省份，分别为江西（8.78万t）、河南（5.83万t）、甘肃（4.63万t）、江苏（3.1万t）、天津（2.32万t）和陕西（1.56万t）。年均棉花产量0.1万t～1万t的六个省份分别为山西（0.86万t）、浙江（0.82万t）、四川（0.4万t）、广西（0.17万t）、贵州（0.11万t）和上海（0.1万t）。年均棉花产量低于0.1万t的省份为内蒙古（0.08万t）、云南（0.02万t）、辽宁（0.013万t）、北京（0.0064万t）、福建（0.0054万t）。

棉花产量排前五的省份中，新疆棉花年产量的变化趋势与整个西北内陆棉区相似，自2012年388.48万t稳定至2016年407.8万t，并于2018年迅速提升至514.62万t，并稳定提升至2022年的543.36万t。山东棉花产量2012—2022年最高为2012年58.18万t，之后呈下降趋势，至2022年产量为14.48万t。类似地，河北、湖北和安徽棉花产量最高年份均为2012年，分别为41.22万t、53.15万t和29.4万t，后续持续降低，至2022年产量分别为13.9万t、10.33万t和2.56万t。

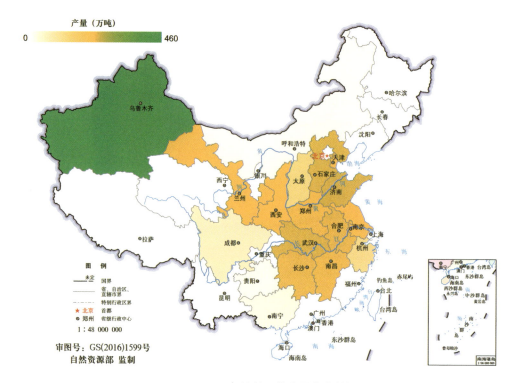

2012—2022 年棉花平均产量分省数据

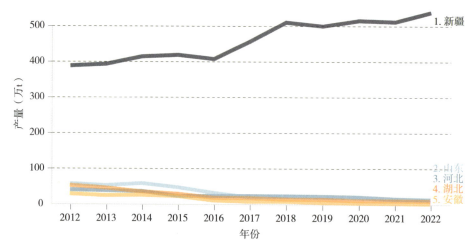

2012—2022 年棉花年均产量前五省份棉花产量变化趋势

第二节
棉花主要病虫害发生防治情况

一、总体情况

2012—2022年，全国棉花病虫害总体发生面积持续下降，最大为2012年 2 207.93万 hm^2 次，2018—2022年，最大为2018年，达872万 hm^2 次。2012—2022年，全国棉花病虫害防治面积同样持续下降，但总体高于发生面积，年均高出13.7%～26.5%，防治面积最大为2012年2 793.69万 hm^2 次，2018—2022年，最大为2018年1 009.68万 hm^2 次。年均挽回损失呈下降趋势，伴有小范围波动，其中最高为2012年157.00万 t，最低为2020年58.63万 t，挽回损失整体远超实际损失，年均挽回损失为实际损失的3.5～4.5倍。年均实际损失变化趋势与挽回损失相似，年均实际损失最高为2012年41.75万 t，2018—2022年，最高为2018年19.10万 t。从年均趋势上看，病虫害总体发生面积与防治面积呈显著相关（$F_{1,9}=4526$，$P<0.000\,1$），挽回损失与实际损失呈显著相关（$F_{1,9}=229.8$，$P<0.000\,1$）。

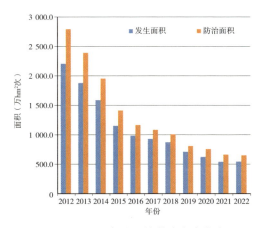

2012—2022 年全国棉花病虫害发生
面积和防治面积年均变化趋势

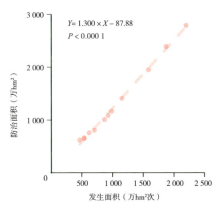

2012—2022 年全国棉花病虫害年均
发生面积和防治面积回归分析

2012—2022 年全国棉花挽回损失和
实际损失年均变化趋势

2012—2022 年全国棉花年均挽回
损失和实际损失回归分析

从分省情况看，2012—2022年年均病虫害发生面积最大的省份为河北，达
310.63万hm²次。其次为新疆297.92万hm²次，第三为山东161.70万hm²
次，第四为湖北98.35万hm²次，第五为湖南70.96万hm²次。其他年均病虫
害发生面积大于10万hm²次的省份有六个，分别为安徽（40.69万hm²次）、江
苏（29.94万hm²次）、河南（24.99万hm²次）、江西（21.27万hm²次）、天津
（12.52万hm²次）和陕西（11.78万hm²次）。年均发生面积1万～10万hm²
次的省份为四个，包括山西（8.032万hm²次）、甘肃（2.869万hm²次）、浙
江（2.544万hm²次）和四川（1.072万hm²次）。年均病虫害发生面积小于0.1
万hm²次的省份包括吉林（0.020 9万hm²次）、辽宁（0.010 4万hm²次）、内
蒙古（0.001 9万hm²次）、云南（0.001 8万hm²次）。

2012—2022年年均病虫害防治面积最大的省份为新疆，达341.78万hm²
次。第二为河北336.43万hm²次，第三为山东189.77万hm²次，第四为湖
北171.73万hm²次，第五为湖南89.94万hm²次。其他年均防治面积大于10
万hm²次的省份有五个，包括江西（43.26万hm²次）、江苏（42.2万hm²次）、
安徽（41.22万hm²次）、河南（35.91万hm²次）和天津（14.6万hm²次）。年
均防治面积1万～10万hm²次的省份有五个，为甘肃（9.46万hm²次）、山

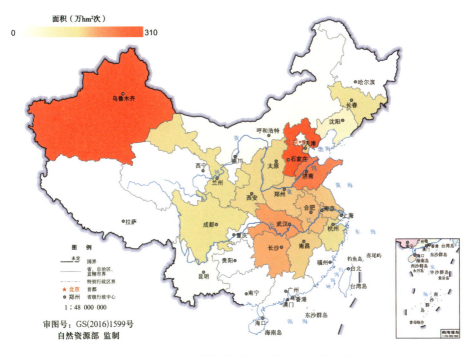

2012—2022 年棉花年均病虫害发生面积分省情况

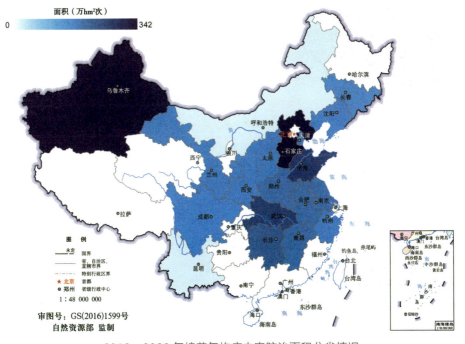

2012—2022 年棉花年均病虫害防治面积分省情况

西（8.84万hm²次）、陕西（7.08万hm²次）、浙江（3.26万hm²次）和四川（1.32万hm²次）。年均防治面积小于0.1万hm²次的省份为辽宁（0.012万hm²次）、吉林（0.011万hm²次）、内蒙古（0.001 5万hm²次）、云南（0.015万hm²次）。

2012—2022年年均挽回损失最高的省份是新疆，为46.68万t，第二为河北17.50万t，第三为山东8.10万t，第四为湖北7.39万t，第五为湖南2.78万t。其他年均挽回损失超过2万t的省份是江西，为2.68万t。年均挽回损失1万～2万t的省份有两个，为安徽（1.80万t）和河南（1.26万t）。棉花年均挽回损失0.1万～1万t的六个省份包括甘肃（0.90万t）、天津（0.85万t）、江苏（0.78万t）、浙江（0.38万t）、山西（0.35万t）和陕西（0.34万t）。其他年均挽回损失小于0.1万t的省份包括四川（0.084万t）、辽宁（0.003 8万t）、内蒙古（0.000 22万t）、吉林（0.000 13万t）、云南（0.000 13万t）。

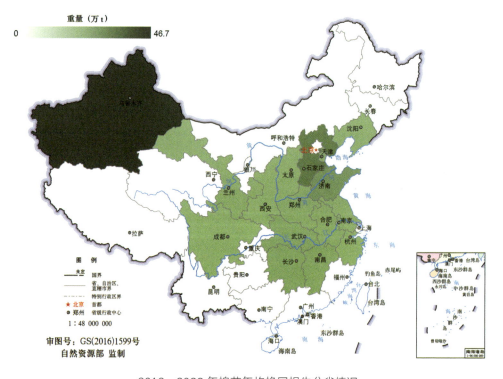

2012—2022 年棉花年均挽回损失分省情况

2012—2022年年均实际损失最高的省份是新疆，为13.49万t，第二为河北5.19万t，第三为湖北1.80万t，第四为山东1.19万t，第五为湖南0.62万t。其他年均实际损失0.1万～1万t的五个省份包括河南（0.42万t）、江西（0.37万t）、安徽（0.37万t）、天津（0.26万t）和江苏（0.15万t）。年均实际损失小于0.1万t的省份包括山西（0.088万t）、陕西（0.088万t）、甘肃（0.069万t）、浙江（0.035万t）、四川（0.012万t）、辽宁（0.0014万t）、吉林（0.00016万t）、内蒙古（0.0001万t）、云南（0.000038万t）。

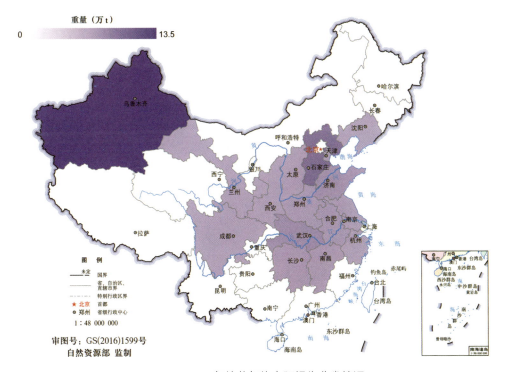

2012—2022年棉花年均实际损失分省情况

从2012—2022年病虫害发生和防治面积排名前五的省份年度变化趋势图中可以看出，河北、山东自2012年开始病虫害发生面积大于新疆，2013年之后山东开始小于新疆，2016年后河北开始小于新疆。2012—2022年，新疆病虫害发生面积稳定在400万～500万hm²次，而河北、山东、湖北、湖南均呈现稳定下降趋势。病虫害防治面积年度动态趋势与发生面积相似，湖北稍有不同，自

2012年大于新疆，2014年之后降低至新疆以下，并呈稳定下降趋势。挽回损失方面，2012—2022年新疆均高于河北、山东、湖北和湖南，其中最高为2017年59.69万t，最低2020年34.29万t，2022年为53.07万t。实际损失方面，2012—2022年新疆均高于河北、湖北、山东和湖南，最高为2012年17.67万t，最低为2020年7.57万t，至2022年为13.86万t。

2012—2022 年病虫害发生面积
排名前五的省份变化趋势

2012—2022 年病虫害防治面积
排名前五的省份变化趋势

2012—2022 年病虫害挽回损失
排名前五的省份变化趋势

2012—2022 年病虫害实际损失
排名前五的省份变化趋势

　　2012—2022年，病害年均发生总面积193.71万hm²次，占病虫害发生总面积的18%，虫害年均发生面积为900.51万hm²次，占82%。病害中年均发生面积占比前五的为苗病*（年均55.94万hm²次，占比5.07%）、铃病**（年均

　　* 棉花发芽出苗至现蕾期间发生的病害统称为苗期病害，简称苗病，通常指立枯病、红腐病、炭疽病、猝倒病。

　　** 在棉花铃期引起棉铃僵硬、腐烂的病害统称为铃病，主要有红腐病等。

43.26 hm² 次，占比 3.92%）、黄萎病（年均 35.52 万 hm² 次，占比 3.22%）、枯萎病（年均 34.30 万 hm² 次，占比 3.11%）和其他病害（年均 15.67 万 hm² 次，占比 1.42%）。排名前五的主要虫害为棉蚜（年均 235.85 万 hm² 次，占比 21.36%）、棉铃虫（年均 224.84 万 hm² 次，占比 20.36%）、棉盲蝽（年均 139.52 万 hm² 次，占比 12.63%）、棉叶螨（年均 135.36 万 hm² 次，占比 12.26%）和棉蓟马（年均 68.63 万 hm² 次，占比 6.21%）。

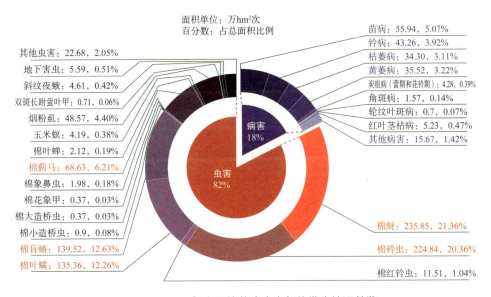

2012—2022 年全国棉花病虫害年均发生情况总览

2012—2022 年，棉花虫害年均防治面积为 1 143.18 万 hm² 次，占 86%，病害年均防治面积为 191.96 万 hm² 次，占比 14%。病害中苗病年均防治面积最大，达 66.14 万 hm² 次，占比 4.91%；其次为铃病（年均 31.27 万 hm² 次，占比 2.32%）、枯萎病（年均 37.90 万 hm² 次，占比 2.82%）、黄萎病（年均 34.87 万 hm² 次，占比 2.59%）和其他病害（年均 13.07 万 hm² 次，占比 0.97%）。虫害中年均防治面积前五为棉蚜（年均 322.29 万 hm² 次，占比 23.94%）、棉铃虫（年均 278.42 万 hm² 次，占比 20.68%）、棉叶螨（年均 175.85 万 hm² 次，占比 13.06%）、棉盲蝽（年均 173.68 万 hm² 次，占比 12.90%）和棉蓟马（年均 73.35 万 hm² 次，占比 5.45%）。

二、主要病虫害发生防治动态

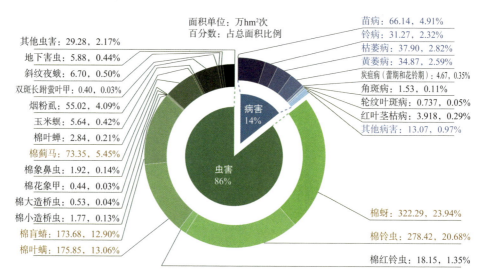

苗病：66.14，4.91%
铃病：31.27，2.32%
枯萎病：37.90，2.82%
黄萎病：34.87，2.59%
炭疽病（蕾期和花铃期）：4.67，0.35%
角斑病：1.53，0.11%
轮纹叶斑病：0.737，0.05%
红叶茎枯病：3.918，0.29%
其他病害：13.07，0.97%

面积单位：万hm²次
百分数：占总面积比例

其他虫害：29.28，2.17%
地下害虫：5.88，0.44%
斜纹夜蛾：6.70，0.50%
双斑长跗萤叶甲：0.40，0.03%
烟粉虱：55.02，4.09%
玉米螟：5.64，0.42%
棉叶蝉：2.84，0.21%
棉蓟马：73.35，5.45%
棉象鼻虫：1.92，0.14%
棉花象甲：0.44，0.03%
棉大造桥虫：0.53，0.04%
棉小造桥虫：1.77，0.13%
棉盲蝽：173.68，12.90%
棉叶螨：175.85，13.06%

病害 14%
虫害 86%

棉蚜：322.29，23.94%
棉铃虫：278.42，20.68%
棉红铃虫：18.15，1.35%

2012—2022年全国棉花病虫害年均防治情况总览

1.棉蚜

2012—2022年，棉蚜年均发生面积最大的省份为新疆，达81.51万hm²次，之后依次为河北（70.39万hm²次）、山东（31.72万hm²次）、湖北（14.29万hm²次）、湖南（9.82万hm²次）。棉蚜年均发生面积超过1万hm²次的其他省份包括江苏（4.31万hm²次）、河南（4.26万hm²次）、江西（4.15万hm²次）、陕西（30.57万hm²次）、天津（2.92万hm²次）、山西（1.83万hm²次）。棉蚜年均发生面积不足1万hm²次的省份包括甘肃（0.96万hm²次）、浙江（0.40万hm²次）、四川（0.31万hm²次）、辽宁（0.005万hm²次）、吉林（0.000 8万hm²次）、云南（0.000 8万hm²次）。

2012—2022年，棉蚜防治面积均大于发生面积，年均发生面积2012年为最大，达432.18万hm²次，2018—2022年，最大为2018年，达199.56万hm²次，至2022年为148.11万hm²次。类似地，棉蚜的年均防治面积2012年为最大，达593.15万hm²次，2018—2022年，最大为2018年，达281.68万hm²次，至2022年为181.58万hm²次。

2012—2022 年全国棉蚜发生和防治年均动态变化情况

2. 棉铃虫

2012—2022年，棉铃虫年均发生面积最大的省份为河北，达74.35万hm²次，之后依次为新疆（45.86万hm²次）、山东（41.25万hm²次）、湖北（18.70万hm²次）、湖南（11.76万hm²次）。棉铃虫年均发生面积超过1万hm²次的其他省份包括江苏（8.24万hm²次）、河南（7.17万hm²次）、安徽（6.49万hm²次）、江西（3.10万hm²次）、天津（2.90万hm²次）、陕西（2.52万hm²次）、山西（1.80万hm²次）。棉铃虫年均发生面积不足1万hm²次的省份包括浙江（0.33万hm²次）、四川（0.22万hm²次）、甘肃（0.15万hm²次）、

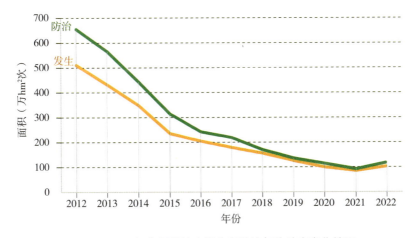

2012—2022 年全国棉铃虫发生和防治年均动态变化情况

青海（0.004万hm²次）、辽宁（0.002万hm²次）、内蒙古（0.0006万hm²次）、云南（0.0001万hm²次）。

2012—2022年，棉铃虫防治面积均大于发生面积，2018年后各年份发生和防治面积大致相等。年均发生面积2012年为最大，达509.96万hm²次，2018—2022年，2018年发生面积最大，达155.31万hm²次，至2022年为101.72万hm²次。类似地，棉铃虫的年均防治面积2012年最大，达654.09万hm²次，2018—2022年，最大为2018年，达169.12万hm²次，至2022年为117.09万hm²次。

3. 棉叶螨

2012—2022年，棉叶螨年均发生面积最大的省份为新疆，达54.95万hm²次，之后依次为河北（24.78万hm²次）、湖北（15.81万hm²次）、山东（11.27万hm²次）、湖南（10.12万hm²次）。棉叶螨年均发生面积超过1万hm²次的其他省份包括安徽（5.32万hm²次）、江西（3.69万hm²次）、江苏（2.99万hm²次）、河南（2.64万hm²次）、陕西（1.05万hm²次）。棉叶螨年均发生面积不足1万hm²次的省份包括天津（0.78万hm²次）、甘肃（0.61万hm²次）、浙江（0.42万hm²次）、四川（0.18万hm²次）、吉林（0.004万hm²次）、云南（0.0001万hm²次）。

2012—2022年，棉叶螨防治面积均大于发生面积，年均发生面积2012年为最大，达246.32万hm²次，2018—2022年，2018年发生面积最大，为106.94万hm²次，至2022年为73.99万hm²次。类似地，棉叶螨的年均防治面积

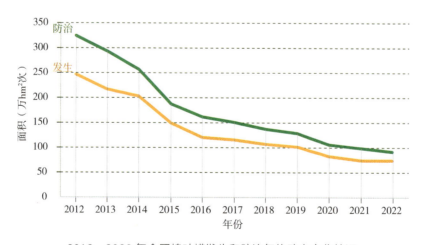

2012—2022年全国棉叶螨发生和防治年均动态变化情况

2012年最大，达324.23万hm²次，2018—2022年，最大为2018年，达136.85万hm²次，至2022年为91.44万hm²次。

4. 棉盲蝽

2012—2022年，棉盲蝽年均发生面积最大的省份为河北，达51.67万hm²次，之后依次为山东（19.43万hm²次）、湖北（18.17万hm²次）、新疆（14.24万hm²次）、湖南（9.75万hm²次）。棉盲蝽年均发生面积超过1万hm²次的其他省份包括安徽（8.12万hm²次）、江苏（6.65万hm²次）、天津（3.62万hm²次）、河南（2.89万hm²次）、江西（2.19万hm²次）、陕西（1.66万hm²次）、山西（1.02万hm²次）。棉盲蝽年均发生面积不足1万hm²次的省份包括浙江（0.11万hm²次）、甘肃（0.007万hm²次）。

2012—2022年，棉盲蝽防治面积均大于发生面积，2018年后各年份发生和防治面积大致相等。年均发生面积2012年为最高，达308.68万hm²次，2018—2022年，最大为2018年，达126.61万hm²次，至2022年为41.70万hm²次。类似地，棉盲蝽的年均防治面积2012年最大，达447.64万hm²次，2018—2022年，最大为2018年，达136.61万hm²次，至2022年为45.71万hm²次。

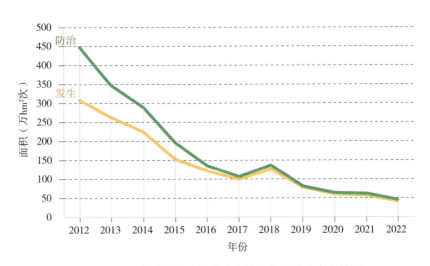

2012—2022年全国棉盲蝽发生和防治年均动态变化情况

5. 棉蓟马

2012—2022年，棉蓟马年均发生面积最大的省份为新疆，达43.02万hm²

次，之后依次为河北（10.01万hm²次）、山东（8.91万hm²次）、安徽（1.92万hm²次）、湖北（1.29万hm²次）。棉蓟马年均发生面积超过0.1万hm²次的其他省份包括湖南（0.96万hm²次）、江西（0.57万hm²次）、山西（0.52万hm²次）、江苏（0.39万hm²次）、河南（0.35万hm²次）、陕西（0.31万hm²次）、天津（0.20万hm²次）、浙江（0.14万hm²次）。棉蓟马年均发生面积不足0.1万hm²次的省份为甘肃（0.027万hm²次）。

2012—2022年，棉蓟马发生和防治面积在2019年前较为接近，2014、2018等年份发生面积大于防治面积，2020年后防治面积持续大于发生面积。年均发生面积2012年最大，达96.64万hm²次，2018—2022年，以2018年发生面积最大，为67.97万hm²次，至2022年为60.19万hm²次。值得注意的是，棉蓟马的发生面积自2019年以来持续稳定在年均60万hm²次左右。棉蓟马的年均防治面积2012年为最大，达107.93万hm²次，2018—2022年，最大为2021年，达82.38万hm²次，至2022年为71.61万hm²次。

2012—2022年全国棉蓟马发生和防治年均动态变化情况

6. 苗病

2012—2022年，苗病年均发生面积最大的省份为新疆，达19.99万hm²次，之后依次为河北（16.74万hm²次）、山东（8.91万hm²次）、湖北（3.81万hm²次）、湖南（1.57万hm²次）。苗病年均发生面积超过1万hm²次的其他省份为安徽（1.41万hm²次）、河南（1.11万hm²次）。苗病年均发生面积不足1万hm²次的省份包括陕西（0.46万hm²次）、江西（0.45万hm²次）、甘肃（0.42万hm²次）、浙江（0.30万hm²次）、天津（0.27万hm²次）、江苏（0.26万hm²次）、山西（0.18万hm²次）、四川（0.14万hm²次）、吉林（0.017万hm²次）、辽宁（0.000 3万hm²次）。

从全国年度动态来看，2012—2022年，苗病防治面积均大于发生面积。年均发生面积2012年最大，达97.70万hm²次，2018—2022年，以2018年发生面积最大，为42.80万hm²次，至2022年为29.74万hm²次。同样地，苗病的年均防治面积2012年最大，达124.65万hm²次，2018—2022年，最大为2018年，达50.66万hm²次，至2022年为38.02万hm²次。

2012—2022年全国棉花苗病发生和防治年均动态变化情况

7. 铃病

2012—2022年，铃病年均发生面积最大的省份为河北，达17.56万hm²次，之后依次为山东（7.57万hm²次）、湖南（5.02万hm²次）、湖北（4.17万hm²次）、新疆（2.35万hm²次）。铃病年均发生面积超过1万hm²次的其他省份仅为安徽（2.31万hm²次）。铃病年均发生面积不足1万hm²次的省份包括江西（0.97万hm²次）、天津（0.80万hm²次）、江苏（0.77万hm²次）、陕西（0.72万hm²次）、河南（0.65万hm²次）、山西（0.27万hm²次）、浙江（0.11万hm²次）、四川（0.076万hm²次）、甘肃（0.028万hm²次）、辽宁（0.000 07

万hm²次）。

2012—2022年，与其他主要病虫害不同，铃病防治面积均小于发生面积。年均发生面积2012年最大，达106.04万hm²次，2018—2022年，2018年发生面积最大，为34.52万hm²次，至2022年为12.73万hm²次。类似地，铃病的年均防治面积2012年最大，达73.20万hm²次，2018—2022年，最大为2018年，达27.41万hm²次，至2022年为9.21万hm²次。

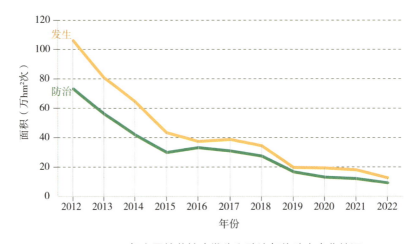

2012—2022年全国棉花铃病发生和防治年均动态变化情况

8. 枯萎病

2012—2022年，枯萎病年均发生面积最大的省份为新疆，达8.45万hm²次，之后依次为河北（8.33万hm²次）、山东（5.30万hm²次）、湖北（5.15万hm²次）、安徽（2.26万hm²次）。枯萎病年均发生面积超过1万hm²次的其他省份仅为湖南（1.82万hm²次）。枯萎病年均发生面积不足1万hm²次的省份包括江西（0.97万hm²次）、河南（0.83万hm²次）、江苏（0.43万hm²次）、甘肃（0.25万hm²次）、山西（0.22万hm²次）、陕西（0.19万hm²次）、天津（0.097万hm²次）、浙江（0.04万hm²次）、四川（0.001万hm²次）、内蒙古（0.000 8万hm²次）、云南（0.000 08万hm²次）。

2012—2022年，枯萎病防治面积均接近并略大于发生面积。年均发生面积2012年最大，达76.23万hm²次，2018—2022年，2018年发生面积最大，为24.99万hm²次，至2022年为11.62万hm²次。类似地，枯萎病的年均防治面积2012年最大，达81.28万hm²次，2018—2022年，最大为2018年，达28.66万hm²次，至2022年为15.06万hm²次。

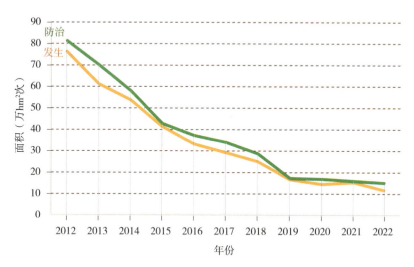

2012—2022年全国棉花枯萎病发生和防治年均动态变化情况

9. 黄萎病

2012—2022年，黄萎病年均发生面积最大的省份为新疆，达16.94万hm²次，之后依次为河北（6.94万hm²次）、湖北（3.98万hm²次）、山东（3.17万hm²次）、湖南（1.53万hm²次）。黄萎病年均发生面积超过1万hm²次的其他省份仅为河南（1.16万hm²次）。黄萎病年均发生面积不足1万hm²次的省份包括江苏（0.53万hm²次）、陕西（0.34万hm²次）、天津（0.29万hm²次）、安徽（0.24万hm²次）、山西（0.23万hm²次）、甘肃（0.23万hm²次）、江西（0.012万hm²次）、浙江（0.002万hm²次）、云南（0.00008万hm²次）、四川（0.00007万hm²次）。

2012—2022年，黄萎病防治面积均接近发生面积，2012、2013年防治面积大于发生面积，此后防治面积接近并略小于发生面积。年均发生面积2012年为最大，达65.23万hm²次，2018—2022年，2018年发生面积最大，为25.50万hm²次，至2022年为16.81万hm²次。类似地，黄萎病的年均防治面积2012年为最大，达67.82万hm²次，2018—2022年，最大为2018年，达23.86万hm²次，至2022年为17.03万hm²次。

2012—2022 年全国棉花黄萎病发生和防治年均动态变化情况

第二章

棉花全生育期主要病虫害识别与防治

棉花的一生，从播种开始，经过出苗、现蕾、开花、结铃，直至吐絮和种子成熟。整个生育期按照器官建成顺序，并以特定的外部形态特征或器官出现为标准，一般分为播种期、苗期、蕾期、花铃期、吐絮期五个生育时期。棉花在各个生长发育阶段都需要有适合的温度和光照条件。棉花的生长周期较长，对光照的要求较高，在充足的光照下生长比较旺盛。棉花生长各阶段对温度敏感：萌发需11～12℃，苗期宜17～30℃，蕾期需25～35℃，花铃期日温25～30℃、夜温超16℃最佳，温差大利于开花结铃。吐絮期也需25～30℃，高温长日照促棉铃速熟，低于10℃则生长停滞。自播种至半数幼苗出土需7～10天；苗期50～55天，出苗至半数植株现蕾；蕾期约30天，现蕾至半数花朵绽放；花铃期45～50天，开花至半数棉铃吐絮；吐絮期70～80天，吐絮至最终采收。在我国，棉花的生育期一般为5～6个月。根据地理位置的不同，棉花的生育期也不一样，新疆4～5月播种，9～10月采收；长江及黄河流域3～4月播种，9～10月采收。

棉花病虫害是棉花生产的关键性制约因素，一般年份可造成产量损失15%～20%，严重的年份可达30%～50%。随着全球气候异常、种植结构调整、耕作制度变革、种植技术更新等条件变化，棉花病虫害的优势种群不断演替，发生趋势也趋于复杂，防控工作面临新问题，给我国棉花产业可持续发展带来新挑战。

第一节
播种期至苗期

棉花播种期主要病虫害有苗病、疫病、轮纹叶斑病、角斑病、棉蚜、棉叶螨、棉盲蝽、烟蓟马、地老虎。

一、苗病

随着植棉连作年限延长，该病有不断加重的趋势，特别是在下潮地，如遇春季低温高湿或出苗水滴得较多的地块，发病较重。

苗病田间症状

1. 症状特征

（1）立枯病　又称烂根病、黑根病，病原为立枯丝核菌（*Rhizoctonia solni*），属半知菌亚门丝核菌属真菌。病菌在种子萌发前侵染可造成烂种，萌发后至出土前侵染引起烂籽和烂芽，棉苗出土后受害，在幼茎基部发生褐色凹陷病斑，病斑向四周发展，逐渐变成黑褐色，病斑扩大缢缩，子叶下垂萎蔫，最终幼苗枯倒。发病田常出现缺苗断垄或成片死亡。拔起病苗时，茎基部以下的皮层均遗留在土壤中，仅存坚韧的鼠尾状木质部，病苗、死苗茎基部和周围土面可见白色稀疏菌丝体。子叶受害，多在子叶中部产生黄褐色不规则病斑，脱落穿孔。

发生规律：土壤和病残体中的菌丝体、菌核和带菌种子是初侵染源。立枯病主要在5月上中旬发病，播种后出苗缓慢，生长势弱，容易受到病原菌侵染，造成烂根、烂芽，棉花子叶期最易感病。低温高湿利于立枯病发生，病原菌在15～23℃时最易侵害棉苗。

立枯病症状

（2）红腐病　又称烂根病，由镰刀菌属的若干个种引起，以拟轮枝镰孢（*Fusarinum verticill ioides*）为主，其次为半裸镰刀菌（*F. semitectum*）和禾谷镰刀菌（*F. graminearum*）等。北方棉区苗期发病重，南方棉区花铃期发病重。该病侵害棉苗根部，先在靠近主根或侧根尖端处形成黄色至褐色的伤痕，使根部腐烂，受害重时也会蔓延至幼茎，有的病部略肥肿，后呈黑褐色干腐，俗称

"大脚苗",有的侧根坏死形成肿胀的"光根"。子叶感病,多在叶缘产生半圆形、近圆形或不规则形褐斑,高湿条件下病部可见粉红色霉状物。

红腐病症状

发生规律:棉种由播种到出苗,均可受到棉红腐病菌为害。出苗期间如遇低温阴雨,红腐病将严重发生。棉籽发芽时遇到低于10℃的土温,会增加出苗前的烂籽和烂芽率;病菌在15～23℃时最易侵害棉苗。高湿有利于病菌的发展和传播。红腐病为害植物范围广,可侵染多种农作物和杂草等。

(3)炭疽病 又称烂根病,病原属半知菌亚门炭疽菌属真菌,主要由棉炭疽菌(*Colletotrichum gossypii*)引起。既为害棉苗根和幼嫩叶片,也为害成株期

炭疽病症状

叶片和棉铃等器官。幼苗出土前可造成棉籽水渍状腐烂，幼苗出土后在茎基部产生红褐色梭形稍凹陷病斑，严重时皮层腐烂，幼苗枯萎。炭疽病常在子叶的边缘形成半圆形的褐色病斑，棉苗在多雨潮湿低温条件下最容易感病。

　　发生规律：主要以菌丝及分生孢子在种子内潜伏越冬，病残体也能带菌。棉籽发芽时遇到低于10℃的土温，会增加出苗前的烂籽和烂芽率；病菌在15～23℃时最易侵害棉苗，在晚播的棉田或棉苗长出真叶后仍可继续受害。

　　（4）猝倒病　又称棉腐病、烂秧病，病原为瓜果腐霉（*Pythium aphanidermatum*），属鞭毛菌亚门腐霉菌属真菌。病菌从幼嫩的细根侵入，在幼茎基部呈黄色水渍状病斑，严重时病部变软腐烂，颜色加深呈黄褐色，幼苗迅速萎蔫倒伏，同时子叶也随之褪色，呈水渍状软化。高湿条件下，病部常产生白色絮状物，即病菌的菌丝体。与立枯病的主要区别是猝倒病苗茎基部没有褐色凹陷病斑。

　　发生规律：土壤中病菌是初侵染的主要来源，病菌常借水流传播，高温高湿条件下，病组织表面所长出的病菌是再次侵染源。对棉苗猝倒病发生起决定作用的是温度和湿度，棉苗出土后1个月内是棉苗感病时期，若土壤温度低于15℃，萌动的棉籽出苗慢，就容易发病；地温超过20℃，病势停止发展，但若降雨多又会加重病情。

猝倒病症状

2. 发生特点

项目	立枯病	红腐病	炭疽病	猝倒病
病害类型	真菌性病害	真菌性病害	真菌性病害	真菌性病害
病原	立枯丝核菌	主要为拟轮枝镰孢	主要为棉炭疽菌	瓜果腐霉
主要发生部位	茎基部	根部	茎基部和子叶	整株均可发生
主要症状	可造成烂种或烂芽；主要症状为茎基部褐色凹陷病斑，缢缩，幼苗枯倒	可造成烂种或烂芽；主要症状为病斑不凹陷，土面以下受害的嫩茎和幼根变粗	可造成烂种或烂芽；主要症状为茎基部红褐色梭形稍凹陷病斑，子叶有褐色病斑	可造成烂种或烂芽；主要症状为幼茎基部呈现黄色水渍状病斑，病斑不凹陷

3. 防治要点

合理轮作，在重发田块与禾本科作物轮作2～3年以上。精细整地，增施腐熟有机肥。精选高质量棉种，增强棉苗抗病力。加强田间管理，适时中耕松土，降低土壤湿度，提高土温，培育壮苗。及时定苗，将病苗、死苗集中销毁。

可选用咯菌腈、精甲霜灵、嘧菌酯等拌种或包衣。发病初期，尤其是遇连阴雨天气，田间出现病株时，选用多抗霉素、噁霉灵等药剂防治。

二、疫病

疫病病原为苎麻疫霉（*Phytophthora boehmeriae*），属鞭毛菌亚门卵菌纲霜霉目腐霉科疫霉属，在黄河流域、长江流域和西北内陆棉区均有分布，曾在长江流域棉区比较流行，一些年份还造成较大损失。

1. 症状特征

病斑呈圆形或不规则形，水渍状病斑的颜色开始时略显暗绿色，与健康部分差别不大，随后变成青褐色，最后转至黑色。在高湿条件

疫病症状

下，子叶水渍状，如被开水烫过，子叶凋枯脱落，严重时子叶和真叶一片乌黑，全株枯死。

2. 发生特点

病原菌可在土壤中长期存活，以卵孢子和厚垣孢子在土壤中越冬。多雨高湿利于该病发生，温度15～30℃均可发病。该病原菌寄主范围广，还可侵害黄瓜、辣椒、苹果、梨等。

3. 防治要点

培育壮苗，增强抗病能力。清洁田园，减少侵染源。可选用三乙膦酸铝喷施，预防疫病。

三、轮纹叶斑病

轮纹叶斑病主要由大孢链格孢（*Alternaria macrospora*）等引起，是棉花生产上的重要病害，广泛分布于全球棉花种植的国家，过去也是我国棉花苗期的一种常见病害，长江流域棉区个别年份发生较重。

1. 症状特征

轮纹叶斑病发生在棉花出苗后至1～2片真叶期，田间所见病苗大多是生活力弱和子叶脱壳时受损伤的幼苗。初期在子叶和真叶上产生紫红色或者褐色针头大小的小斑点，后逐渐扩大成外缘红褐色、近圆形或不规则形的褐色病斑。严重时，幼苗子叶和真叶上病斑密布，导致子叶脱落。继续发展，可形成"无头苗"。成株期叶片被害，产生和苗期相似的斑点。叶柄被害，产生椭圆形或长椭圆形褐色凹陷，边缘为深红褐色的病斑，常致叶片凋落。在潮湿条件下，病斑表面生有褐色霉层，尤以背面霉层较多。

轮纹叶斑病幼苗症状

轮纹叶斑病叶片症状

2. 发生特点

轮纹叶斑病病菌的寄主范围较广，田间患病的其他植物也是引起棉苗初次发病的侵染源，分生孢子可随风雨传播进行再侵染，昆虫活动及病健苗相互接触或摩擦等造成的伤口也有利于该病传播。

3. 防治要点

与非寄主植物轮作，精细整地，增施腐熟有机肥。精选高质量棉种，增强棉苗抗病力。加强田间管理，适时中耕松土，降低土壤湿度，提高土温，培育壮苗。及时定苗，将病苗、死苗集中销毁。可选用多菌灵拌种预防。

四、角斑病

角斑病又称角点病、黑臂病，病原为地毯草黄单胞菌锦葵变种（*Xanthomonas malvacearum* pv. *malvacearum*），是棉花苗期和成株期均可发生的一种细菌性病害，在黄河流域、长江流域和西北内陆棉区均有发生，尤其在西北内陆棉区比较常见。

角斑病苗期症状

1. 症状特征

子叶染病后，发病初期在子叶背面出现水渍状透明的斑点，逐渐转变成黑色，严重时子叶枯落。真叶感染后，叶脊先产生深绿色小点，后扩展成油渍状病斑，叶片正面病斑呈多角形，有时病斑沿脉扩展成不规则条状，使叶片枯黄。茎部感染，严重时幼茎部病斑凹陷，病苗弯折死亡。

角斑病叶片症状

2. 发生特点

带菌棉籽是主要侵染源，其次是病残体。角斑病的发生与流行的决定因素是品种抗病性和环境条件。大部分陆地棉品种对该病抗性比较好。棉花成株期如遇低温多雨，尤其是遇到台风、暴风雨天气，致使棉株叶片或茎秆出现大量伤口，若遇低温高湿的气象条件，则该病容易流行。

3. 防治要点

及时清除病残体，集中深埋或烧毁。

选用抗（耐）病品种。深耕冬灌、精细整地。生长期时可在防治轮纹叶斑病的同时混施抗生素类药剂兼治角斑病。

五、棉蚜

棉蚜（*Aphis gossypii*）又称蜜虫、腻虫等，属半翅目蚜科蚜属，是为害棉花的一类重要害虫，也是世界性害虫，全国各棉区都有发生。棉蚜食性杂，可为害棉花、小麦、玉米、豆类、瓜类、白菜、马铃薯、甘薯、辣椒等寄主植物。

1. 为害特征

棉蚜以成虫、若虫群集于棉花的叶背、嫩芽、嫩茎上为害，吸取棉花汁液，造成棉花叶片卷缩、棉苗发育迟缓，蕾铃脱落。花铃期受害，上部嫩叶卷缩，在中部叶片排出大量油状蜜露，不仅影响棉花光合作用，而且导致病菌滋生，严重时导致蕾铃脱落，同时在吐絮期还能污染棉纤维，引起棉纤维含糖过高，影响棉花的品质。棉蚜还是传播多种作物病毒的媒介。

棉蚜为害状

2. 形态特征

为害棉花的主要有无翅胎生雌蚜和有翅胎生雌蚜。

无翅胎生雌蚜：体长1.5～1.9mm，卵圆形。体色变异大，夏季黄绿色、黄色或黄白色，春秋季蓝黑色、深绿色或棕色。腹部末端有暗色长圆筒形腹管1对，具瓦状纹。尾片青绿色，乳头状，有刚毛4～5根。

有翅胎生雌蚜：体长1.2～1.9mm。体黄色至深绿色，前胸背板黑色。翅透明，2对，前翅中脉分3叉，后翅具中、肘脉。腹背各节间斑明显。腹管暗黑色，圆筒形，表面有瓦状纹。尾片同无翅胎生雌蚜，有刚毛3对。

棉蚜为害叶背和嫩茎

无翅有性雌蚜：体长1.0～1.5mm。体灰褐、墨绿、暗红或赤褐色。后足胫节特别发达，有排列不规则圆形的性外激素分泌腺。黑色腹管较小，尾片同无翅胎生雌蚜。

有翅雄蚜：体长1.3～1.4mm。体色有绿、灰黄或赤褐色。体长卵形，较小，腹背各节中央各有1条黑横带。腹管灰黑色，较有翅胎生雌蚜的腹管短小，尾片常有毛5根。

卵：圆形，长0.5～0.7mm，初产橙黄色，后变为黑色，有光泽。

若虫：若虫分为有翅若蚜和无翅若蚜。有翅若蚜体色夏季为淡红色，秋季为灰黄色，胸部两侧有翅芽，经过4次蜕皮后变为有翅胎生雌成蚜。无翅若蚜体色夏季为黄色或黄绿色，春秋为蓝灰色，复眼红色，经过4次蜕皮后变为无翅胎生雌成蚜。

3. 发生特点

发生代数	棉蚜在黄河流域、长江流域棉区1年发生20～30代，在西北内陆棉区1年发生30～40代
越冬方式	以卵在越冬寄主上越冬，新疆棉蚜越冬寄主主要包括室内花卉、蔬菜等，以及室外石榴、黄金树等木本植物
发生规律	越冬卵3月底至4月上旬孵化后在越冬寄主及其周围植物上繁殖3～4代，4月底至5月上旬以有翅蚜迁入棉田，6月中旬以后种群数量迅速增长，由点片开始向全田蔓延，7月下旬至8月中旬棉蚜种群数量出现2～4次明显的峰值波动，8月下旬后棉蚜逐渐迁出棉田。棉田棉蚜有3个生态型，5～6月为苗蚜（棉苗至出土发生的棉蚜），7～8月为伏蚜（盛夏发生，体型小，黄色），9～10月为秋蚜（吐絮期发生）。夏季初产若蚜4～5d即可变为成蚜，一生可产60余头，秋季最后一代雌性蚜虫平均产卵量为6～9粒
生活习性	除了秋季性母和产卵雌蚜适于取食老叶外，其他各型棉蚜都只适于取食植物的幼嫩部分；秋末棉蚜活动和产卵的寄主范围更广，成虫甚至可以在不造成为害的植物上产卵越冬，但翌年春季卵孵化出的干母食性极窄，取食石榴、花椒、菊花、黄金树、扶桑、桑叶牡丹等越冬寄主才能存活；棉蚜产生有翅蚜是受群体拥挤、营养恶化、蚜体含水量下降、气温变化及日照缩短等因素影响；棉蚜具有趋黄色、避银白色的习性

4. 防治要点

防治棉蚜，要从营造良好的棉田生态系统出发，采用农业防治、生态调控和人为干预有机结合，以生物防治为主，化学防治为辅，保护和利用天敌，充分发挥自然控制作用，保益控害，节本增效，控制棉蚜为害损失水平在经济阈值之下。

种植抗（耐）品种，集中连片种植，适时早播。加强栽培管理，调整作物布局，及时清除田间及田边杂草，保留有利于天敌的非农田生境杂草，还可种植甘草、罗布麻、苜蓿等植物，或在棉田周围种植油菜，地头和林带种植苜蓿，达到以害养益，引益入田，增殖天敌，控制害虫。协调水肥管理，及时化控和打顶整枝，防徒长，改善田间通风透光条件，创造不利于棉蚜生存的环境。

充分保护利用自然天敌，注意改进施药技术，选用对天敌安全的药剂，减少施药次数和数量，保护天敌免受伤害。早春对温室大棚等越冬虫源进行防治。推荐噻虫嗪等种子包衣、拌种防治苗蚜。当益害比低于指标时，黄河流域和西北内陆棉区苗蚜3片真叶前卷叶株率达5%～10%时，或4片真叶后卷叶株率10%～20%时，进行药剂点片挑治。伏蚜单株上中下3叶蚜量平均为200～300头时，全田防治，合理选用氟啶虫胺腈、氯啶虫酰胺·烯啶虫胺、双丙环虫酯或啶虫脒，有效控制棉蚜种群发生。

六、棉叶螨

棉叶螨又称棉红蜘蛛，属蜱螨目叶螨科，主要有土耳其斯坦叶螨（*Tetranychus turkestani*）、截形叶螨（*T. truncatus*）、朱砂叶螨（*T. cinnabarinus*）、敦煌叶螨（*T. dunhuangensis*）和二斑叶螨（*T. urticae*）5种。棉叶螨寄主植物已知有50余种，除为害棉花外，还为害玉米、小麦、大豆、茄子、豇豆、西瓜、甜瓜、黄瓜、南瓜、西葫芦、芹菜、辣椒、甜菜、向日葵、花生、苜蓿等作物，葡萄、桃树、杏树、枣树等果树，玫瑰、月季、菊花等花卉和苍耳等杂草。

棉叶螨苗期为害状

棉叶螨田间为害状

1. 为害特征

棉叶螨主要为害棉花叶片，严重时也为害棉花蕾铃、苞叶和嫩茎，以成螨、幼螨、若螨在棉叶背面延叶脉处取食，以针状口器刺吸叶背、嫩尖、嫩茎和果实汁液，叶片正面近叶柄部出现黄斑或红沙斑，继而扩展至全叶，叶柄低垂，严重时叶片卷缩呈褐色似火烧状，干枯脱落。为害初期，叶正面现黄白斑点，3～5天斑点扩大，加密，开始出现红褐色斑块。被害处的叶背有丝网和土粒黏结，呈现土黄色斑块。随着为害加重，棉叶卷曲，最后脱落，受害严重的，叶片稀少甚至光秆，棉铃明显减少。中后期，叶片变红，干枯脱落，似火烧状，引起中下部叶片、花蕾和幼铃脱落，造成大幅度减产，甚至绝收。结铃初期为害，嫩铃全部脱落，甚至全株枯死，对产量影响较大。

棉叶螨叶部为害状

2. 形态特征

（1）土耳其斯坦叶螨

雌成螨：体长0.48～0.58mm，体宽约0.36mm，椭圆形，体色为黄绿、黄褐、浅黄或墨绿色（越冬雌螨为橘红色），体两侧有不规则黑斑；气门沟末呈U形弯曲；各足爪间突裂开为3对刺状毛，足第一跗节2对双毛远离。

雄成螨：体长约0.38mm，浅黄色，菱形。阳具柄部弯向背面，形成一大端锤，近侧突起圆钝，远侧突起尖利，其背缘近端侧的1/3处有一个明显的角度。

卵：圆形，直径0.12～0.14mm。初产时无色透明，之后颜色逐渐变为淡黄色至深黄色。

幼螨：体长0.16～0.22mm，近圆形，3对足。

若螨：体长0.30～0.50mm，椭圆形，体浅黄色或灰白色，有足4对。与雌成螨所不同的是少2对基节毛和1对生殖毛，同时无生殖皱襞。

（2）截形叶螨

雌成螨：体长约0.5mm，宽约0.3mm。体椭圆形，深红色，足及颚体白色，体侧具黑斑。气门沟末端呈U形弯曲。各足爪间突裂开为3对针状毛，无背刺毛。

雄成螨：体长约0.35mm，体宽约0.2mm，菱形，体红色，足4对，无爪。阳具柄部宽大，末端向背面弯曲，形成一微小端锤，背缘平截状，未端1/3处有凹陷。

卵：圆球形，初产时为无色透明，渐变为淡黄至深黄色，微见红色。

幼螨：体近圆形，淡黄色，足3对。

若螨：近圆形，色泽透明，足4对。

（3）朱砂叶螨

雌成螨：体长0.42～0.52mm，体宽0.28～0.32mm，体近椭圆形。夏型雌成螨初羽化体呈鲜艳红色，后变为锈红色或红褐色。体两侧背面有黑斑2对，前面一对较大，足4对。

雄成螨：体长0.26～0.36mm，体宽0.19mm，体呈红色或橙红色，头胸部前端近圆形，腹部末端稍尖。比雌螨小，背面观略呈菱形。

卵：圆球形，直径0.13mm，初产时无色透明，快孵化时渐变为红色，之后变为淡黄色，卵面具有2个红点。

幼螨：体圆球形，体长约0.18mm，足3对。

若螨：体梨圆形，有4对足，雄若螨比雌若螨少蜕一次皮。

（4）敦煌叶螨

雌成螨：体长约0.5mm，体椭圆形，黄绿色或浅绿色，每侧有3个大型黑斑，足及颚体部分色稍浅，呈黄色，前足端呈土黄色。背毛刚毛状，不着生在疣突上；足4对，雌螨足1对，有双刚毛2对，彼此远离，爪为条状，生有黏毛1对，各足爪间突裂开为3对针状毛。

雄成螨：体长约0.3mm，体呈土黄色。阳具柄部宽阔，末端弯向背面，形成与柄部横轴有一定角度的小端锤，其近侧突起短而圆钝，远侧突起稍长，顶端圆钝。

若螨：体椭圆形，4对足，后期有暗斑在体背两侧出现。

(5) 二斑叶螨　二斑叶螨成螨体色多变，在不同寄主植物上所表现的体色不同，有浓绿、褐绿、绣红、橙黄色，橙黄和褐绿色常见。

雌成螨：椭圆形，体长0.45～0.55mm，宽0.30～0.35mm。背面卵圆形，体躯两侧各有黑长斑1个，有时斑中部色淡似分成前后两块。

雄成螨：体长0.35～0.40mm，宽0.20～0.25mm。远比雌螨小。阳具端锤稍大，两侧突起尖而小。

卵：球形，直径约0.1mm，有光泽，初产为无色透明，渐变淡黄色，将孵化时现出红色眼点。

幼螨：初孵时近半球形，白色，取食后变暗绿色，眼红色，足3对。

若螨：体椭圆形，4对足。夏型体色为黄绿色，体背两侧有黑色斑；越冬型体色为橙黄或橘黄色，无色斑。

棉叶螨

A. 土耳其斯坦叶螨　B. 截形叶螨　C. 朱砂叶螨　D. 敦煌叶螨　E. 二斑叶螨

3. 发生特点

种类	发生代数	越冬方式	发生规律	生活习性及为害状
土耳其斯坦叶螨	仅在西北内陆棉区发生，为北疆棉区叶螨优势种，在新疆北疆1年发生9～11代	以交配后的雌成螨在枯枝落叶下、杂草根际等处群集越冬	翌年温度大于8℃越冬螨出蛰活动。在北疆棉区，5月上中旬随越冬寄主衰老，陆续迁入棉田开始点片出现，5月下旬至6月初集中为害，棉叶上很快出现红斑，6月下旬至7月初出现第一个高峰期，7月的中下旬出现第二个高峰期，8月出现第三个高峰，且螨量逐代增多、为害加重，8月下旬严重受害棉田呈现一片红色，9月中旬后从棉田逐渐转移至秋播作物或者杂草上为害，准备越冬	1头雄螨可与多头雌螨交配，干旱时雄螨数量增加，成螨、若螨、幼螨均可为害棉花叶片，群集于叶背，用口针刺吸汁液，受害叶片正面现黄白斑，后变红，后期皱缩畸形，直至干枯脱落
截形叶螨	全国各棉区均有分布，在西北内陆棉区常发生，是重要害虫之一，1年发生10～20代	以雌螨在土缝中或枯枝落叶上越冬	翌年气温达10℃以上，越冬成螨开始繁殖，多于4月中下旬至5月上中旬迁入棉田危害，先是点片发生，后向周围迅速扩散。在植株上先为害下部叶片，后向上蔓延，6～8月为害较重	喜高温低湿，当湿度超过70%时不利于其繁殖。棉叶正面出现为害状较晚，为害更加隐蔽，严重时，受害叶片大量焦枯脱落。为害后只产生黄白斑点，不产生红叶。叶螨多时，叶背有细丝网，网下群聚螨体
朱砂叶螨	全国各棉区均有发生，是黄河流域、长江流域棉区为害棉花的叶螨优势种和主要害虫，长江流域棉区1年发生18～20代，黄河流域棉区1年发生12～15代，西北内陆棉区1年发生10～15代	以交配后的雌成螨在枯枝落叶、土缝和周围树皮裂缝中滞育越冬	翌年2月下旬出蛰活动，早春寄主上繁殖1～2代，5月上旬始迁入棉田，初期点片状发生，而后蔓延整个田块。6月上旬为第一次发生高峰，6月下旬为第二次发生高峰，若持续干旱，8月仍可出现第三次发生高峰，9月中旬后越冬；在黄河流域棉区，6月中下旬至8月下旬可发生2次高峰；长江流域棉区4月下旬至9月上旬可发生3～5次高峰；西北内陆棉区自7月下旬至9月下旬可出现1次高峰	喜高温低湿，高温干旱利于其发生，成螨、若螨、幼螨均可为害棉花叶片，常群集在叶背，以口针刺吸汁液。为害初期，叶正面现黄白斑点，被害处叶背有丝网黏结，呈土黄色斑块。随为害加重，棉叶卷曲，叶片稀少甚至光秆，棉铃明显减少。中后期，叶片变红，干枯脱落，如火烧。引起中下部叶片、花蕾和幼铃脱落

（续）

种类	发生代数	越冬方式	发生规律	生活习性及为害状
敦煌叶螨	主要分布于西北内陆棉区，为南疆棉区的叶螨优势种	以橘红色滞育雌螨在玉米秸秆、枯叶、根际、表土裂缝内或田埂杂草中越冬	一般于春季在杂草上取食、产卵，5月中下旬向棉田迁移，6月中下旬进入第一个高峰期，8月下旬进入第二个高峰期，随后田间虫口逐渐向杂草上转移，准备越冬，为害期可持续到棉花收获前后	幼螨、若螨、成螨一般在植株叶片背面沿叶脉两侧取食为害。为害初期，叶片背面产生针头大小的黄白色斑点，严重时形成黄褐色斑块和白粉状物，后期叶片大面积焦枯，严重影响寄主植物的光合作用，可使植株死亡
二斑叶螨	全国各棉区均有分布，1年发生10～20代，由北向南递增，世代重叠严重	以雌成螨在土缝、枯枝落叶下或旋花、夏枯草等宿根性杂草的根际及枝蔓裂缝等处吐丝结网越冬	3月中旬至4月上中旬开始出蛰活动，集中在早春杂草上为害，5月开始迁入棉田，初期点片状发生，再向全田蔓延	有吐丝结网的习性，当大发生或食料不足时，常群集成团，吐丝下垂，靠风力传播。高温干旱有利于蔓延为害，成螨、若螨、幼螨均可为害棉花叶片，群集于叶背，用口针刺吸汁液。被害叶初期仅在叶脉附近出现失绿斑点，以后逐渐扩大，叶片大面积失绿，变为褐色

4. 防治要点

清除田间的杂草及枯枝落叶，秋耕冬灌，降低越冬基数。棉田合理布局，尽量与禾本科作物（玉米除外）轮作，间隔3～5年，避免与大豆、菜豆、茄子、玉米等寄主作物连作、邻作和间套作。合理灌水，避免棉田干旱，适时增施氮肥、磷肥以抑制叶螨增加。

保护利用自然天敌，创造有利于自然天敌生存的环境条件，棉田周边田埂种植苜蓿或早熟油菜等作物，保留地边叶螨非喜食杂草，引诱、培育和涵养天敌。选择对天敌毒性小的生物杀螨剂或环境友好型杀螨剂防治，使用对天敌伤害大的药剂时，应采用拌种、点片或带状间隔喷雾等对天敌相对友好的施药方法。

早春田边杂草有螨株率达到30%时，用杀螨剂对田边杂草害螨进行防治，或打保护带封锁田边，选用对天敌安全的杀螨剂以充分保护天敌。点片发生时或有螨株率低于15%时挑治中心株，有螨株率超过15%时应使用高效、低毒、低风险杀螨剂进行全面防治。药剂可选用乙螨唑、阿维菌素等。

七、棉盲蝽

棉盲蝽是我国棉花上的重要害虫，也是新疆棉区的常见害虫，主要有牧草盲蝽（*Lygus pratensis*）、苜蓿盲蝽（*Adelphocoris lineolatus*）、绿盲蝽（*Apolygus lucorum*）、中黑盲蝽（*Adelphocoris suturalis*）和三点盲蝽（*Adelphocoris fasciaticollis*）5种，属半翅目盲蝽科。牧草盲蝽主要分布于西北内陆棉区，是本区域棉盲蝽优势种和重要害虫；苜蓿盲蝽在全国均有发生，主要在黄河流域及西北内陆棉区，在苜蓿种植区为害通常比较严重；绿盲蝽分布于全国各棉区，是黄河流域、长江流域棉区的棉盲蝽优势种和主要害虫，近年来在西北内陆棉区的发生呈现加重趋势；中黑盲蝽主要分布在长江流域及黄河流域南部棉区；三点盲蝽主要分布于黄河流域和长江流域棉区，发生程度普遍较轻。棉盲蝽是多食性害虫，寄主复杂，除棉花外，常见寄主有麦类、玉米、豆类、向日葵等多种植物。

1. 为害特征

棉盲蝽以成虫和若虫刺吸植物汁液为害，造成棉花营养生长与生殖生长失调，使棉花呈现出不同被害状。子叶期生长点被害，使顶芽焦枯变黑，长不出主茎，称为"枯顶"；真叶期为害，顶芽被刺伤而枯死，不定芽丛生形成"多头棉"，顶芽被害，展开后为破叶，称为"破头疯"；幼叶被害，叶片展开后为破叶，叶片形成许多黑斑、孔洞，导致"破叶疯"；幼蕾被害，由黄变黑，经2～3天后便脱落；中型蕾被害，苞叶张开，为"张口蕾"，不久就脱落；花铃期为害，幼铃生长受抑制，形成"歪嘴桃"，铃重减轻，产量和品质降低，严重受害时形成僵果、脱落。

2. 形态特征

（1）牧草盲蝽

成虫：体长5.5～6.0mm，宽2.2～2.5mm。长卵圆形，全体黄绿色至枯黄色，春夏青绿色，秋冬棕褐色。
头宽而短，头顶后缘隆起。复眼褐
色，椭圆形。触角丝状，比体短。
前胸背板有橘皮状刻点，侧缘黑色，
前缘有横沟划出明显的"领片"，后
缘有黑横纹2条，中部有4条纵纹。
小盾片三角形黄色，中央黑褐色下
陷，呈心脏纹。前翅具刻点及细绒
毛。足黄褐色，腿节末端有2～3
条深褐色的环纹，胫节具黑刺，爪
2个。

棉盲蝽为害棉花幼苗造成"枯顶"

　　卵：长0.9～1.1mm，宽约0.22mm。白色或淡黄色。卵中部弯曲，端
部钝圆。卵盖很短，中央稍下陷，卵壳边缘有一向内弯曲的柄状物。

　　若虫：初孵化的若虫黄绿色；5龄若虫绿色，体长3.0～4.1mm。前
胸背板中部两侧和小盾片中部两侧各具黑色圆点1个；体背有5个明显黑色
圆点。

牧草盲蝽成虫

牧草盲蝽若虫

（2）苜蓿盲蝽

　　成虫：体长8.0～8.5mm，宽约2.5mm。体淡黄绿色，被细毛，触角比体
长。褐色触角4节，细长。喙末端达后足腿节端部。前胸背板绿色，后缘前方

有2个明显的黑斑。小盾片三角形，黄色，有黑色纵纹2条。前翅黄褐色，前缘具黑边，楔片黄色；翅室脉纹深褐色。足基节长，腿节略膨大，具有黑褐色斑点，胫节具刺，跗节3节。

卵：长1.2～1.5mm，宽约0.38mm。卵香蕉形，乳白色，颈部略弯曲。卵盖外露，椭圆形，一侧有1个指状突起，周缘隆起，中央凹陷。

若虫：初孵化的若虫全体绿色，密布黑刚毛，5龄时黄绿色，翅芽超过第3节，腺囊口为"八"字形。头三角形，复眼小，位于头侧。触角褐色，比身体长。足绿色，腿节有黑色斑点，胫节具黑刺；跗节2节，具黑爪2个。

苜蓿盲蝽成虫

苜蓿盲蝽若虫

（3）绿盲蝽

成虫：体长5.0～5.5mm，宽约2.5mm，绿色。头部三角形，复眼黑色，位于头侧。触角短于体长，第二节最长，基部两节绿色，端部两节褐色。喙管末端达后足基节端部。前胸背板梯形，有许多刻点。中胸小盾片三角形，微突起。前胸背板、小盾片、前翅革区均为绿色。足胫节有刺；跗节3节，黑色爪2个。

卵：长茄形，中部略弯，颈部较细，长约1mm，卵盖黄白色，前、后端高起，中央稍微凹陷。

若虫：共5龄。洋梨形，全体鲜绿色，被稀疏黑色细毛。5龄若虫体长约3.40mm，头三角形，复眼灰色，位于头侧。触角短于体长；喙端节黑色。足端部黑色。不同龄期翅芽发育程度不同，5龄若虫前翅翅芽尖端黑褐色，长达腹部第4节。

| 绿盲蝽成虫 | 绿盲蝽若虫 |

（4）中黑盲蝽

成虫：体长6～7mm，多为褐色。头小，三角形，红褐色；复眼长圆形，黑色；触角4节，细长，比身体长。前胸背板，梯形，黄绿色。背板中央及两侧各具1个黑色圆斑。小盾片三角形，停歇时，背上有1条黑色纵带，故名中黑盲蝽。前翅爪片宽大，楔片黄色，膜片暗褐色；后翅膜质，浅绿色。足绿色，细长，散布黑点；跗节3节，绿色，端节黑色。

卵：淡黄色，茄形，长约1.1mm，卵盖长椭圆形，中央向下微凹、平坦，卵盖上有一指状突起，卵盖中央有1个黑斑。

若虫：共5龄。5龄若虫体长约4.4mm，头呈钝角三角形，头顶具浅色叉状纹，唇基突出。复眼赤红，椭圆形。触角长于身体。足红色，腿节及胫节疏生小黑点；跗节2节。不同龄期翅芽发育程度不同，5龄若虫翅芽末端达腹部第5节。

| 中黑盲蝽成虫 | 中黑盲蝽若虫 |

(5) 三点盲蝽

成虫：体长6.5～7mm，黄褐色，被细绒毛。头三角形，略突出。眼长圆形，深褐色。触角与身体等长，触角4节，褐色。前胸背板绿色，后缘中线两侧各有1个黑横斑，有的2个斑汇合成1条黑色横带。小盾片黄绿色，两基角褐色。前翅爪区褐色，革区前缘黄褐色，中央深褐色。楔片黄色，膜区深褐色。小盾片与前翅楔部形成3个黄绿色三角形斑。足黄绿色，腿节具有黑色斑点，胫节褐色，具刺。

卵：淡黄色，茄形，长1.2～1.4mm，卵盖椭圆形，暗绿色，中央下陷，一侧有指状突起，周围棕色。

若虫：共5龄。黄绿色，密被黑色细毛。5龄若虫体长约4mm，头褐色，眼突出头侧。触角4节；喙尖端黑色；前胸背板梯形，背中线明显。足深黄褐色，腿节稍膨大，前、中足胫节近基部与中段黄白色，后足胫节仅近基部有黄白色斑。

三点盲蝽成虫   三点盲蝽若虫

3. 发生特点

种类	发生代数	越冬方式	发生规律	生活习性
牧草盲蝽	在南疆1年发生4代，北疆1年发生3代	以成虫在枯枝落叶下和树皮裂缝中蛰伏越冬	南疆：3月中下旬出蛰活动；5月中下旬第一代成虫和若虫开始向棉田内转移。第二代高峰期在6月中下旬至7月上旬，成虫大量迁入棉田。第三代8月中下旬迁出棉田，转至果树等寄主上为害。第四代若虫和成虫发生在9月中下旬，对棉田为害较少	成、若虫喜白天活动，早、晚取食最盛，活动迅速，善于隐避。盐碱地和荒滩上的藜科等杂草，是牧草盲蝽秋季繁殖的主要场所

（续）

种类	发生代数	越冬方式	发生规律	生活习性
牧草盲蝽			北疆：3～4月，越冬成虫出蛰活动，先在田埂杂草上取食，6月中旬第一代成虫迁入棉田为害，7月中下旬第二代成虫达到为害盛期，8月中下旬出现第三代成虫高峰；9月初后，迁移到田边杂草上产卵繁殖，10月以成虫蛰伏越冬	
苜蓿盲蝽	黄河流域棉区1年发生4代，西北内陆棉区1年发生3代	在苜蓿、杂草等植株上产卵越冬	在黄河流域棉区，第一代成虫羽化高峰期为5月下旬至6月上旬，第二代成虫羽化高峰期为7月上旬，成虫大量迁入棉田为害；第三代、第四代成虫发生高峰期分别是8月上旬和9月上旬；9月中旬棉株开始衰老，成虫陆续迁出棉田产卵越冬；春季气温高、回升早的年份，发生早而重	喜温好湿，适宜温度为25～30℃，多雨年份易大发生。成虫明显偏好紫花苜蓿，苜蓿刈割导致成虫向周边棉田集中转移，发生严重。具明显趋花习性，田间常随着植物开花顺序在不同寄主植物间扩散转移
绿盲蝽	在黄河流域、西北内陆棉区1年发生5代，长江流域棉区1年发生5～7代	以卵在枣、葡萄等果树的断茬髓部，棉花、杂草等植物的枯枝断茬，以及土壤表层越冬	早春，越冬卵孵化后，若虫主要在越冬寄主及其周边植物上活动，成虫羽化后进行转移扩散，6～8月为棉田集中为害期	属喜湿昆虫，夏季雨水偏多的年份，种群发生程度常偏重，田间世代重叠现象明显
中黑盲蝽	在黄河流域棉区1年发生4代，长江流域棉区1年发生5～6代	以卵在杂草茎秆及棉花叶柄和叶脉中越冬	翌年4月中旬越冬卵始孵，一代成虫通常5月开始羽化，5月下旬开始迁入棉田、豆科植物等产卵繁殖。第二代成虫6月下旬至7月上旬出现、第三代成虫8月上中旬出现、第四代成虫9月上中旬出现，第四、五代成虫于9月下旬至11月上旬在棉田及杂草上产卵越冬	成虫寿命长，田间世代重叠明显。有明显的趋花产卵、为害的习性，常随开花植物的分布而有规律地季节性转移
三点盲蝽	在黄河流域棉区1年发生3代	以卵和成虫在果树树皮裂缝内及断枝中越冬	越冬卵翌年4月底至5月上旬孵化，5月下旬至6月上旬羽化成虫，7月中旬现第二代成虫，第三代在8月上旬出现，8月下旬至9月上旬产卵越冬	喜温好湿，夏季降雨偏多的年份发生严重，干旱年份为害轻。成虫寿命及产卵期长，田间世代重叠现象明显

4.防治要点

结合冬春季节果树修剪、田边杂草清除，控制棉田外虫源基数。避免棉花与果树、苜蓿等偏好寄主间套作或邻作，减少不同寄主之间的转移交叉危害。棉田周围种植绿豆诱集带并对绿豆上绿盲蝽进行定期防治，可减轻棉田内盲蝽发生。

保护利用棉田自然天敌，如草蛉、蜘蛛、小花蝽等。利用性诱剂诱杀雄性成虫，利用诱虫灯诱杀两性成虫。

棉盲蝽防治适期为2～3龄若虫的发生高峰期，可选用啶虫脒、噻虫嗪、氯啶虫胺腈等药剂进行防治。

八、烟蓟马

烟蓟马（*Thrips tabaci*）是为害棉花的一类重要害虫，又称葱蓟马，属缨翅目蓟马科，在我国各棉区均有分布，尤其以西北内陆棉区发生较重，是新疆棉花苗期最重要的害虫，受害株率可达90%～100%，多头株率在10%～20%，烂叶株率在20%～30%。在实施地膜植棉后，因棉苗发育提前，为害转轻。寄主植物广泛，主要有棉花、洋葱、瓜类、烟草、马铃薯、豆类、向日葵、甘草、甜菜等多种植物。

烟蓟马为害棉苗

1. 为害特征

以成虫、若虫锉吸式口器为害
棉花等寄主植物组织，吸食汁液，
可以使叶片皱缩破烂，枝叶丛生，
结铃少；花蕾严重受害时也可导致
脱落。偏好为害棉苗子叶、嫩小真
叶和生长点。苗期烟蓟马多集中在
植株嫩头和子叶背面为害，生长点
被锉食而干枯，无法长出真叶，形
成"无头棉"，之后长成2个肥大的

烟蓟马为害叶片

子叶，最后死亡；1～2片真叶时生长点被害，造成无主茎的"多头棉"和一根
很长的"挑旗叶"。小叶受害后生银白色斑块，严重时子叶焦枯萎缩。真叶被害
后，发生黄色斑块，严重时破裂。

2. 形态特征

成虫：体长1.0～1.3mm，体浅黄至深褐色，翅狭长透明，边缘生有长
毛。复眼红紫色，单眼3个，排列成三角形。触角7节，黄褐色。前胸背板后角
各具一对长鬃，翅淡黄色，前、后翅后缘的缨毛均细长，色淡。腹部圆筒形，
末端较小。

卵：肾形，长0.1～0.3mm，初产多为乳白色，后为黄绿色。

若虫：形似成虫，体淡黄色，无翅，触角6节。胸、腹部各节有微细褐点，
点上生有粗毛。1龄若虫长约0.4mm，白色透明。2龄若虫体长约0.9mm，体

烟蓟马成虫

色浅黄色至深黄色，1～2龄若虫无翅芽，活动性不强。前蛹（3龄若虫）和伪蛹（4龄若虫）与2龄若虫相似，具明显翅芽。

3. 发生特点

发生代数	黄河流域棉区1年发生6～10代，长江流域棉区1年发生10代以上
越冬方式	以蛹、若虫或成虫在棉田土壤、枯枝烂叶里越冬
发生规律	一般在南疆3月底至4月初、北疆4月上旬，越冬烟蓟马开始活动。南疆5月中旬、北疆5月底，棉花处于子叶期至1～2片真叶期，是烟蓟马为害棉花的重要时期。7月上中旬后，棉花进入蕾期，虫口密度逐渐下降，此时又迁至幼嫩杂草和葱、蒜、洋葱等寄主上为害，直到10月下旬才进入越冬状态
生活习性	成虫活跃善飞，多分布在棉株上半部叶上，怕光，多在叶背取食。雌虫通常为孤雌生殖，田间雄虫极少，多产卵于寄主背面叶肉和叶脉组织内

4. 防治要点

结合秋深翻和冬灌，冬春及时清除田间及四周杂草，减少虫源；不与大葱、蒜、洋葱等邻作、轮作或间作；加强棉田管理，结合间苗、定苗及时拔除"多头棉"。

保护和利用天敌，如小花蝽、中华微刺盲蝽和瓢虫等，对烟蓟马发生有控制作用。

药剂处理棉花种子是直接有效的防治方法，可使用噻虫嗪等拌种。棉苗出土前，用药剂喷雾防治早春设施大棚或葱、蒜田等寄主上的虫源。当棉苗上的蓟马有虫株率达5%，或棉苗百株虫量为15～30头时，或棉苗子叶背面有蓟马为害产生银白色斑点的被害苗达5%～10%时，及时选用噻虫嗪、溴氰菊酯、氯氟·啶虫脒等药剂防治，也可结合防治棉蚜进行兼治。

九、地老虎

地老虎又称夜盗虫、切根虫，属鳞翅目夜蛾科地老虎属，以幼虫取食为害。广泛分布于全国各棉区，能为害百余种植物，轻则造成缺苗断垄，重则毁种而重播。棉田地老虎主要有小地老虎（*Agrotis ypsilon*）、大地老虎（*A. tokionis*）、黄地老虎（*A. segetum*）、八字地老虎（*A. c-nigrum*）等，小地老虎在长江流域棉区发生最重；大地老虎在长江流域棉区发生较重；黄地老虎主要分布于西北内陆棉区；八字地老虎在各棉区均有分布。随着地膜棉的大面积推广，地老虎类已由棉花主要害虫变为次要害虫，对棉花很少造成危害。

地老虎为害棉苗

1. 为害特征

刚孵出的幼虫，藏在棉花子叶新带出的棉籽壳内取食子叶，将子叶咬成许多小孔和缺刻，棉苗生长点被咬断，使真叶长不出来，结龄少且迟。幼虫在土中咬食棉籽、幼芽，老龄幼虫昼伏夜出，白天蜷伏在土中，夜间爬出咬断近地面的茎部，造成缺苗断垄，1～2龄幼虫啃食叶肉，残留表皮呈"窗孔状"。当长出3～4片真叶后，主茎硬化不再适宜取食，便可爬至上部咬食叶片和嫩头，造成"多头棉"。

2. 形态特征

（1）小地老虎

成虫：体长17～23mm，翅展42～50mm，灰褐色，前翅有肾形斑、环形斑和棒形斑。肾形斑外有1个明显的尖端向外的楔形黑斑，亚缘线上有2个尖端向里的楔形斑，3个楔形斑相对，易识别。头部、胸部背面暗褐色，足褐色。前翅狭长褐色，后翅灰白色，纵脉及缘线褐色。雌蛾触角呈丝状，雄蛾则呈羽毛状。

卵：半球形，直径约0.5mm。初产时为乳白色，孵化前变为灰褐色，卵顶上有黑点。

　　幼虫：圆筒形，初孵沙褐色，入土后又转为灰褐色，背面有明显的淡色纵带。老熟幼虫体长37～50mm，体暗褐色或灰褐色，有不规则黑褐色网纹；体表粗糙有颗粒。臀板黄褐色，有深褐色纵纹两条。

小地老虎成虫　　　　　　　　　　　　　小地老虎幼虫

　　蛹：赤褐色，体长18～24mm，腹部第4～7节基部有一圈刻点，背面刻点大且色深，尾端黑色。

小地老虎蛹

　　（2）大地老虎

　　成虫：体长41～60mm，翅展52～62mm，体暗褐色。雌成虫触角丝状，雄成虫触角双栉齿状，分枝较长，向端部渐细。前翅褐色，黑褐色肾状纹、环状纹明显；肾状纹外有1个黑色条斑，外缘具1列黑点。后翅淡褐色，外缘具很宽的黑褐色边。

卵：半球形，直径约1.8mm，初产为淡黄色，后渐变黄褐色，孵化前灰褐色。

幼虫：老熟幼虫体长40～60mm，黄褐色，体表多皱纹，无明显颗粒，臀板除末端2根刚毛附近为黄褐色外，几乎全为深褐色，且全布满龟裂状皱纹。头部褐色，中央具1对黑褐色纵纹，额（唇茎）三角形。

大地老虎成虫　　　　　　　　　　　　　大地老虎幼虫

蛹：黄褐色，体长23～29mm。腹部第4～7节背面有大小相近的圆形刻点，腹端具臀棘1对。

（3）黄地老虎

成虫：全体淡灰褐色或黄褐色，体长14～19mm，翅展32～43mm，雄蛾触角双栉形。前翅黄褐色，肾状纹、环状纹和楔状纹明显，并且有黑褐色边缘。后翅白色半透明，前、后缘及端区淡褐色，翅脉褐色。雌蛾体色较暗，前翅斑纹不显著。

卵：半球形，直径0.69～0.73mm，初产乳白色，之后变为黄褐色，孵化前变为黑色。

幼虫：老熟幼虫体长33～45mm，体黄褐色，体表颗粒不明显，有光泽，多皱纹。头部深褐色，有不规则的深褐色网纹。臀板中央有黄色纵纹，两侧各有1个黄褐色大斑。

黄地老虎成虫 　　　　　　　　　　　　黄地老虎幼虫

蛹：红褐色，体长16～19mm，臀棘1对，端部刻点较大，半圆形，腹面亦有数排刻点。

（4）八字地老虎

成虫：体长约16mm，翅展35～40mm。头、胸灰褐色，足黑色有白环。前翅灰褐色略带紫色，由环形斑向上至翅前缘为1个三角形大白斑，下边有黑色边框。后翅淡黄色，外缘淡灰褐色。

卵：馒头形，直径约0.40mm。初产时乳白色，后渐变为黄色。卵壳柔软，卵的表面有纵刻纹。

幼虫：体长30～40mm，头部黄褐色，头两侧有1对"八"字形的黑褐色斑纹。唇基为等边三角形，体淡黄褐色，腹节背面观有多对"八"字形斑。侧面观气门上线的的黑褐色斜线与亚背线也组成"八"字形，易于识别。臀板中央部分及两角边缘颜色较深，但有的个体不明显。

八字地老虎成虫 　　　　　　　　　　　　八字地老虎幼虫

蛹：体长18.9～19.7mm，腹部第4～6节上有红色的点刻，臀棘2对，外部1对向外弯曲。

3. 发生特点

	小地老虎	大地老虎	黄地老虎	八字地老虎
发生代数	黄河流域棉区1年发生3～4代；长江流域棉区1年发生4～6代；西北内陆棉区1年发生3～4代	1年发生1代	西北内陆棉区1年发生2～4代（南疆1年发生3～4代，北疆1年发生2～3代），黄河流域棉区1年发生4代	黄河流域棉区1年发生3代，西北内陆棉区1年发生2代
越冬方式	以幼虫或蛹越冬，1月平均气温0℃地区不能越冬	大地老虎为专性滞育害虫，以低龄幼虫在表土层或草丛根茎部越冬	以老熟幼虫在土下3～17cm的土层中筑土室越冬	以老熟幼虫在土下7～14cm的土层中越冬
发生规律	小地老虎是典型迁飞性害虫。在南疆始蛾期4月至5月初，第一代卵在5月上中旬，第二、三、四代卵分别在6月下旬、7月中旬和9月上旬	翌年3月开始活动，3～5月进入为害盛期，5～6月以老熟幼虫钻入土层深处越夏，8月化蛹，9月成虫羽化后产卵于表土层，10月中旬幼虫入土越冬	只有第一代幼虫为害棉苗等春播作物。在黄河流域棉区5～6月为害最重。翌年3～4月化蛹，4～5月羽化，成虫发生期比小地老虎晚20～30天，5月中旬进入第一代卵孵化盛期，5月中下旬至6月中旬进入幼虫为害盛期	越冬代3月底开始活动取食，4月底化蛹，成虫期为5月中下旬，6月上旬出现高峰；7月下旬出现第一代成虫，8月上旬达到高峰；第二代成虫期羽化持续时间较长，从9月初见，持续到10月上旬。在新疆北疆1年发生2代，成虫发生高峰分别在5月中旬、7月下旬至8月上旬；通常是第一代成虫种群数量发生最多
生活习性	成虫多在叶背或地面土块上、缝隙内产卵，卵散产；地势低湿、内涝、沼湖地区，往往虫量多、为害重	幼虫孵化后在杂草上生活一段时间后越冬，其他习性与小地老虎相似	卵常产在土面枯草根际处，或棉花幼苗的叶背，卵散产；一般在土壤黏重、地势低洼和杂草多的棉田发生较重	成虫有趋光性和趋化性；卵多产于叶片背面，心叶内和根附近的土壤中；2龄幼虫在植株上取食，3龄后入土为害根茎部。幼虫具假死性，昼伏夜出，隐蔽性较强

4. 防治要点

鼓励实行棉花与小麦等作物轮作。及时秋翻冬灌，杀伤越冬幼虫，减少虫源，并可兼治其他害虫。精耕细作，平整土地，及时铲埂除蛹、清除田间杂草，可杀死虫卵、幼虫和部分越冬虫源。

保护利用棉田自然天敌，如利用寄生蜂、寄生蝇等寄生性天敌寄生幼虫，还可利用颗粒体病毒制剂防治幼虫。

利用灯光、糖醋酒混合液、食诱剂诱杀成虫，也可用性诱剂进行诱杀。

做好拌种或包衣。防治低龄幼虫可喷雾或撒毒土，防治3龄以上高龄幼虫可撒毒饵或灌根，可选用高效氯氟氰菊酯等药剂。

第二节
蕾　　期

　　蕾期主要病虫害有枯萎病、黄萎病、曲叶病、棉铃虫、双斑长跗萤叶甲、斜纹夜蛾、扶桑绵粉蚧。

一、枯萎病

　　枯萎病病原为尖镰孢萎蔫专化型（*Foxysporum oxysporum* f. sp. *vasinfectum*），属半知菌亚门镰孢属真菌。该病是棉花生产上的重要病害之一，在我国各棉区均有分布，与黄萎病统称为棉花的"癌症"，一旦发生难以根除，常造成严重减产。随着抗病品种的引进和大面积推广，枯萎病逐渐得到控制，但仍有不同程度的发生。

1. 症状特征

　　枯萎病为全株性系统侵染病害，幼苗期可发病，表现为幼苗矮化，叶色灰暗，甚至枯死；蕾期达到发病高峰，整个生长期均可引起发病死亡。病株表现为萎蔫、畸形，导管黑褐色，叶片呈黄色网纹状或变紫变黄，有时萎垂，表现急性青枯或节间缩短，植株矮小，严重时整株枯萎死亡。该病在苗期和成株期可表现出多种明显不同的症状，主要有黄色网纹、黄化、紫红、青枯和矮缩等5个类

枯萎病田间症状

型，有时一块田同时出现几种症状，但都有共同特征：成株期植株矮化，根茎部导管呈深褐色，剖削根茎可见明显深褐色条纹，从根部到顶端形成一条直线。

枯萎病不同的症状

A. 黄色网纹　B. 黄化　C. 紫红　D. 青枯　E. 矮缩

2. 发生特点

越冬场所	以菌丝体和厚垣孢子在种子和棉籽饼、棉籽壳、病残体及混有病残体的土壤、粪肥内越冬
传播途径	随流水及农事操作传播，运输带菌种子或棉籽饼可造成病害的远距离传播
发病规律	发病适温 25～30℃，盛夏土温上升时停止发展，秋季温度下降，土壤线虫多，造成伤口多，有利于病菌侵入。连作、地势低洼、排水不良、偏施氮肥和缺钾棉田，发病较重。沙质酸性土壤有利于发病

3. 防治要点

种植抗病品种。轻病田拔除病株，并进行土壤消毒，轮作倒茬，改种禾本科作物。重病田实行水旱轮作2～3年，或与小麦、玉米、油菜等轮作3～4年。此外，采取适时播种，清洁棉田，中耕深翻，及时排水，重施有机肥和磷、钾肥，不用带菌的棉籽饼、棉秆和畜粪作肥料，合理灌溉等措施可增强植株的抗病力。

苗期至蕾期发病前或发病初期，选用氨基寡糖素、乙蒜素等喷施或随水滴施，也可选用三氯异氰尿酸或者甲基硫菌灵灌根或喷雾防治。

二、黄萎病

黄萎病病原为大丽轮枝菌（*Verticillium dahliae*），属半知菌亚门轮枝菌属。该病是棉花生产中最重要的病害，在我国各棉区均有分布，一旦发生难以根除，一般造成减产15%～20%，严重的可达50%以上，甚至绝收。

1. 症状特征

黄萎病一般在现蕾后发生，花铃期达到高峰。植株发病后，首先由植株下部叶片开始，逐渐向上发展至整株，感染黄萎病的棉花茎秆、枝条以及叶柄维管束。症状主要有3种类型，即普通型、枯死型和落叶型。

普通型：病株症状自下而上扩展。发病初期，在叶缘和叶脉间出现不规则形淡黄色斑块，病斑逐渐扩大，从病斑边缘至中心的颜色逐渐加深，而靠近主脉处仍保持绿色，呈现花西瓜皮状的褐色掌状病斑或斑驳，随后变色部位的组织逐渐枯焦。重病株到后期叶片由下向上逐渐脱落、蕾铃稀少，甚至脱落成光秆。

枯死型：在棉花开花结铃期，盛夏久旱后遇暴雨或大水漫灌时，在病株叶片主脉间迅速失水，产生水渍状褪绿斑块，病部很快失水，形成局部枯斑或掌状枯斑，较快变成黄褐色或青枯，植株上枯死叶、蕾多悬挂而不脱落。

落叶型：叶片突然萎垂，呈水渍状，随即脱落成光秆，除表现出急性萎蔫症状外，其植株上的叶、蕾，甚至小铃在几天内也可全部落光，后植株枯死。如遇多雨年份，湿度过高而温度偏低，病株率可成倍增长。

黄萎病田间症状

不同类型黄萎病症状

A. 普通型   B. 枯死型   C. 落叶型

2. 发生特点

越冬场所	以菌丝体和厚垣孢子在种子、棉籽饼、棉籽壳、病残体及混有病残体的土壤、粪肥内越冬
传播途径	随流水及农事操作传播，运输带菌种子或棉籽饼可造成病害的远距离传播
发病规律	一般在棉花现蕾后开始出现病株（6月底），发病晚于枯萎病，花铃期（7～9月）进入发病高峰，重病田常呈现一片枯焦，甚至落叶成光秆的棉田。发病适温22～25℃，低于22℃或高于30℃发病缓慢，高于35℃时症状暂时隐症。如遇多雨年份，湿度过高而温度偏低，病株率可成倍增长。种植抗病性差的品种、连作、地势低洼、连续多日相对低温、施肥不足的棉田，发病较重。有机质含量低、通透性差的土壤有利于发病

3. 防治要点

贯彻"预防为主，综合防治"植保方针，遵循"保护无病区，控制轻病区，消灭零星病区，改造重病区"防治策略。加强植物检疫，严禁从病区调种引种。种植抗（耐）病品种。轻病田拔除病株，并进行土壤消毒，轮作换茬，改种禾本科作物。重病田实行水旱轮作2～3年，或与小麦、玉米、油菜等轮作3～4年，可显著减轻病害。此外，采取适时播种，清洁棉田，及时排水，重施有机肥、磷钾肥，不用带菌的棉籽饼、棉秆和畜粪作肥料。

播种期选用枯草芽孢杆菌等种子包衣。苗期至蕾期发病前或发病初期，选用枯草芽孢杆菌、氨基寡糖素、乙蒜素等喷施或随水滴施，也可用噁霉酮、三氯异氰尿酸灌根或喷雾防治。

三、曲叶病

曲叶病由木尔坦棉花曲叶病毒（*Cotton leaf curl Multan virus*，CLCuMuV）等双生病毒引起，是棉花生产上的一种毁灭性病害。最早在尼日利亚发现该病，目前，巴基斯坦、印度、苏丹、埃及、南非等国家均有发生，我国在广西和广东出现了曲叶病。

1. 症状特征

曲叶病主要在棉花生长中后期发生，典型症状为：发病后因植株生长受到抑制，故病株明显矮化，节间明显缩短，一般病株株高只有健株的50%～70%，病株叶片边缘向上或向下卷缩，叶脉膨大、增厚、暗化，叶脉表面突起，有时出现明显的黄绿相间的斑驳或花叶。重病田棉株严重矮化，皱缩，结铃大量减

曲叶病叶部症状

少，严重影响产量和品质。

2. 发生特点

木尔坦棉花曲叶病毒在田间主要是由烟粉虱、棉花苗带毒或苗木嫁接传播，形成发病中心。烟粉虱是曲叶病的唯一传播介体，该病毒可在烟粉虱体内存留数周或终身带毒，病毒通过烟粉虱从发病中心向四周扩散传播，在大田棉花病株与健株间辗转侵染为害，在传毒昆虫存在的情况下，若有风，将有助于病害传播到较远的地方。该病毒不能通过种子和机械传播，其寄主范围较窄，可侵染棉花、秋葵、烟草、辣椒、番茄、龙葵、菜豆、西瓜、芝麻等，并在田间杂草上发现可疑症状。

3. 防治要点

严格检疫，严禁从疫区进口棉花制品和寄主花卉，对来自可疑地区的棉花制品和相关花卉等也应采取严格检查，必要时进行熏蒸处理。选育和种植抗病毒棉花品种。与非寄主植物轮作。及时防控传毒介体烟粉虱，消除病毒中间寄主和带毒寄主植物。

四、棉铃虫

棉铃虫（*Helicoverpa armigera*）又称钻桃虫、钻心虫等，属鳞翅目夜蛾科铃夜蛾属，是一种世界性的害虫，广泛分布于全国各棉区，以黄河流域棉区、西北内陆棉区发生为害较重。随着新疆植棉面积迅速扩大，整片单一种植并连作，作物单一、使农田生态环境发生了变化，给棉铃虫的繁衍滋生创造了有利条件，曾造成严重的经济损失，阻碍了棉花产业的发展。自转 Bt 基因抗虫棉商业化种植以来，我国棉铃虫发生程度明显减轻。棉铃虫的寄主植物除棉花外，还有玉米、小麦、高粱、豌豆、扁豆、苕子、苜蓿、芝麻、胡麻、花生、油菜、番茄、辣椒和向日葵等多种植物。

1. 为害特征

棉铃虫是棉花蕾期、花铃期重要的钻蛀性害虫，主要以幼虫蛀食棉花的蕾、花和铃，也食害棉花的嫩叶。生长点遭破坏后，形成断头棉，常称为"公棉花"；幼蕾稍受咬伤，苞叶即行张开，变黄脱落；花受害时，被害花一般不能结铃；棉铃受害时，常有一个空洞，铃内棉絮被污染，易诱致病菌侵染而成为烂铃；嫩叶被食后出现空洞和缺刻。

棉铃虫幼虫为害棉花的蕾及花

棉铃虫幼虫为害棉铃

2. 形态特征

成虫：体长14～18mm，翅展30～38mm。前翅颜色变化较多，雌蛾前翅淡红褐色，雄蛾多为淡青灰色，基线双线不清晰，内线双线褐色。肾状纹和环状纹暗褐色，雄蛾的较雌蛾更明显，中央有1个深褐色肾状纹，肾状纹前方的前缘脉上有2条褐纹，中线褐色。后翅黄灰白色或淡褐黄色，翅脉褐色，沿外缘有1条茶褐色宽带纹，带纹中有2个相连的牙形白斑，后翅前缘半部有1个褐色月牙形斑纹。

卵：半球形，直径0.44～0.48mm，顶部稍隆起，底部较平。初产卵乳白色，后变黄白色或翠绿色，近孵化时有紫色斑，顶部黑色。

幼虫：多数为6个龄期。初孵幼虫青灰色，头壳漆黑，随着虫龄增加，前胸盾板斑纹和体线变化渐趋复杂，老熟幼虫体长32～42mm，体色变化较大。典型特征是前胸气门前下方毛片上的2根刚毛连线与气门很近或与气门相切，气门椭圆形，体上刚毛较多，背线一般有2条或4条。

蛹：体长14～23mm，初期体色乳白至黄褐色，后期颜色逐渐加深，纺锤形。腹部第5～7节的背面和腹面具7～8排半圆形刻点，尾端有臀棘1对，尖端微弯。

棉铃虫成虫

棉铃虫低龄幼虫

3. 发生特点

发生代数	由北向南逐渐增多，北疆1年发生3代、南疆1年发生4代（北疆个别年份个别地区可1年发生4代，南疆可达5代，各世代发生重叠，尤其是末2代重叠严重），黄河流域棉区大部分为1年发生4代，长江流域棉区1年发生5代。部分二代棉铃虫蛹滞育可在三代成虫羽化期羽化，部分三代棉铃虫滞育蛹不羽化直接越冬至翌年春羽化
越冬方式	以滞育蛹越冬，成虫可远距离迁飞
发生规律	棉铃虫发生代数由北向南逐渐增多，新疆越冬蛹翌年4月下旬至5月下旬羽化，北疆越冬代成虫高峰期一般在5月下旬，南疆在5月中下旬。一代卵期为5月上旬至下旬，一代幼虫发生期在5月下旬至6月中旬，盛期在5月中下旬，发生历期较长，主要发生在小麦、番茄、玉米、蔬菜、苜蓿、棉花和杂草上；一代成虫发生期在6月上中旬至7月中旬末，南北疆盛期一般在6月下旬至7月上旬。二代卵期在6月中旬至7月上旬，幼虫发生期主要在7月，主要发生在棉花和玉米上，二代成虫发生期在7月下旬至9月上旬，北疆高峰期一般在8月上旬，南疆一般在8月上旬至中旬。北疆三代卵期在7月下旬至8月中旬，幼虫发生盛期一般在8月上中旬；南疆三代成虫发生高峰期一般在9月中旬，四代卵期在8月下旬至9月中下旬，幼虫期在9月中下旬，主要发生在晚熟玉米、复播作物、棉花及杂草上

（续）

生活习性	棉铃虫成虫活动多在黄昏和夜间，对蜜源植物、杨树枝和光有较强的趋性。卵散产于生长茂密、花蕾多的棉花上，而以嫩尖、嫩叶等部分居多。幼虫主要取食棉茎顶端、嫩叶、蕾、花、铃，主要为害阶段在2～3龄期。幼虫常转移为害，1头幼虫一生约为害10多个蕾、铃，常从棉株上部向下部转移或转株为害。幼虫在1～2龄时有吐丝下坠的习性，2～3龄后开始钻入蕾、花和铃中为害，有自相残杀的习性，食量大，嗜食性好。老熟幼虫多吐丝下坠入土，筑土室化蛹，入土深度一般在3～5cm。棉铃虫产卵有趋嫩、趋绿、趋高、趋湿和趋化性，氮素过高，棉株高大，贪青晚熟，产生较多草酸，对棉铃虫有较强吸引力

4. 防治要点

选种抗虫品种，减轻一、二代棉铃虫的发生。推广秋耕冬灌，压低越冬基数。早春结合整地、破梗，消灭部分越冬蛹。棉花生长前期及时定苗、中耕、除草，科学水肥管理、化学调控和整枝打杈，促进单株稳健，群体通风透光，减轻为害。适当调整作物布局和结构，丰富棉区作物种类，与小麦、玉米、油葵、高粱等邻作，减轻棉铃虫对棉田的压力，同时增加棉田天敌来源。

根据棉铃虫成虫趋光性，积极利用杀虫灯诱杀成虫。种植玉米诱集带，使玉米吐丝期与棉铃虫产卵高峰期吻合，并及时集中处理，最大限度发挥玉米诱集效果。

保护利用瓢虫、草蛉、蜘蛛、捕食螨、寄生蜂等自然天敌。产卵盛期至3龄幼虫期前，施用棉铃虫核型多角体病毒和多杀霉素，对低龄幼虫和卵有明显的防治效果。在产卵盛期至卵孵化盛期，可选用氯虫苯甲酰胺、虱螨脲、茚虫威、氟铃脲等药剂喷雾防治。

五、双斑长跗萤叶甲

双斑长跗萤叶甲（*Monolepta hieroglyphica*）属鞘翅目叶甲科，在全国各棉区均有分布，在西北内陆棉区发生严重。该虫为多食性害虫，可为害棉花、玉米、谷子、高粱、大豆、白菜、萝卜、马铃薯、辣椒、苜蓿等作物。

1. 为害特征

成虫偏好群集趋嫩为害，先取食棉花叶片下表皮，再取食叶肉，造成叶片孔洞或枯斑，被害叶片下表皮、叶肉被食后，形成许多不规则的水渍状斑块，之后叶片焦枯形成破孔，严重时棉叶连片干卷。成虫为害棉花花蕾，影响了花蕾生长及授粉坐铃。

双斑长跗萤叶甲为害状

2. 形态特征

成虫：长卵形，棕黄色，体长3.6～4.8mm。头、前胸背板色较深，头部三角形的额区稍隆，复眼较大，明显突出。触角丝状。鞘翅淡黄色有1个近于圆形的淡色斑，周缘为黑色，淡色斑的后外侧常不完全封闭，其后的黑色带纹向后突伸成角状。鞘翅密被浅而细的刻点，侧缘稍膨出，端部合成圆形，腹端外露。后胫节端部具有1根长刺。

卵：椭圆形，长径约0.6mm。表面具网状纹。初棕黄色，后颜色逐渐变深。

幼虫：共3龄。体长5～6mm，白色至黄白色，体表具毛瘤和刚毛，腹节有较深的横褶，腹末端为黑褐色的铲形骨化板。

蛹：白色，体长2.8～3.8mm，表面具毛瘤和刚毛。

双斑长跗萤叶甲成虫

3. 发生特点

发生代数	1 年发生 1 代
越冬方式	以卵在地表浅土层越冬
发生规律	越冬卵翌年 5 月中下旬孵化，幼虫在土中取食作物或杂草根，6 月下旬至 7 月上旬始见成虫为害，7 月中下旬盛发，持续为害到 9 月。棉田成虫发生高峰一般在花蕾盛期
生活习性	成虫有群集性、弱趋光性，能短距离飞翔。种植密度大、郁闭的田块发生重

4. 防治要点

秋翻冬灌，消灭越冬卵，减少越冬虫口基数；清除田埂、沟旁和田间杂草，减少中间寄生。在棉田周围种植花生、玉米等作为诱集带，诱杀双斑长跗萤叶甲成虫。保护利用自然天敌。

六、斜纹夜蛾

斜纹夜蛾（*Spodoptera litura*）又称莲纹夜蛾、夜盗虫，属鳞翅目夜蛾科斜纹夜蛾属，是一种世界性杂食害虫，广泛分布于各地，主要分布于黄河流域棉区、长江流域棉区。寄主十分广泛，可为害棉花、烟草、玉米、甘薯、向日葵、高粱、豆类等植物。

1. 为害特征

斜纹夜蛾主要以幼虫啃食植物叶部为害，也为害花及果实。低龄幼虫群集叶背面啃食，残留上表皮及叶脉，在叶片上形成不规则的透明斑，呈网纹状，被害叶枯黄，极易在棉田中发现。3 龄后分散为害，啃食叶、花、蕾，造成叶

斜纹夜蛾幼虫为害叶片和幼蕾

片缺刻、孔洞，残缺不堪，甚至将植株吃成光秆，也可取食花、蕾等，引起植株腐烂。

2. 形态特征

成虫：灰褐色，体长14～20mm，翅展33～42mm。前翅黄褐至淡黑褐色，多斑纹、环状纹和肾状纹之间有3条白线组成明显的宽斜纹，从前缘中部到后缘有1条向外倾斜的灰白色宽带状斜纹（雄蛾的斜纹较为明显）。后翅白色，翅脉及外缘暗褐色，无斑纹。

卵：扁球形，直径约0.5mm，表面有纵横脊纹，初为黄白色，近孵化时暗灰色。卵粒重叠成块，常不规则重叠3～4层，上覆黄褐色绒毛。

幼虫：共6龄，体色因龄期、食料、季节而变化。老熟幼虫体长35～51mm，头部红棕色至黑褐色，中央可见V形浅色纹。初孵幼虫体长约2.5mm，绿色；2～3龄幼虫体长8～20mm，黄绿色；幼虫老熟时，多数为黑褐色，少数为灰绿色。背线和亚背线橘黄色，沿亚背线上缘每节两侧各有1个半月形黑斑，在中、后胸半月形黑斑的下方有橘黄色圆点。

蛹：圆筒形，红褐至暗褐色，体长15～20mm。腹部第4节背面前缘及第5～7节背面和腹面的前缘密布圆形刻点，末端有臀棘1对。气门黑褐色，呈椭圆形，明显隆起。

斜纹夜蛾成虫　　　　　　　　　　　斜纹夜蛾幼虫

3. 发生特点

发生代数	由北到南1年可发生4～9代，世代重叠，无滞育现象。黄河流域棉区1年发生4～5代，长江流域棉区1年发生5～6代
越冬方式	一般以老熟幼虫或蛹在田边杂草中越冬。在长江流域以北的地区，该虫冬季易被冻死，越冬问题尚未定论，推测当地虫源可能是从南方迁飞而来

（续）

发生规律	各虫态的发育适温度为25～31℃，但在高温下（33～40℃），生活也基本正常，20℃以下发育速度显著减缓。抗寒力很弱，在冬季0℃左右的长时间低温下，基本上不能生存。斜纹夜蛾在长江流域多在7～8月大发生，黄河流域则以8～9月为重
生活习性	成虫有昼伏夜出的习性，黄昏后进行取食、交尾和产卵。对黑光灯及糖、酒、醋等发酵物质趋性强，具有入土化蛹的习性。有较强的迁飞能力。成虫喜欢在枝叶茂密的植株上产卵，卵多产于叶背和叶柄，呈块状，以植株中部最多。初孵幼虫群集，3龄后分散为害，4龄后进入暴食期。幼虫有假死性，遇到惊扰后，四散爬离，或吐丝下坠落地

4. 防治要点

清除田间及田边杂草，翻耕晒土或灌水，结合田间管理随手摘除卵块和群集为害的初孵幼虫，集中销毁，降低虫口密度。

利用杀虫灯、糖醋液和性诱剂，诱杀成虫。保护利用自然天敌。选用棉铃虫核型多角体病毒制剂或苦皮藤素等生物农药，防治斜纹夜蛾低龄幼虫。

抓住幼虫防治关键期，即3龄幼虫以前，选用甲维·氟铃脲、球孢白僵菌等药剂进行统防统治。

七、扶桑绵粉蚧

扶桑绵粉蚧（*Phenacoccus solenopsis*）是世界性害虫，属半翅目粉蚧科绵粉蚧属，在我国主产棉区零星发生。

1. 为害特征

扶桑绵粉蚧主要为害棉花幼嫩部位，包括嫩枝、嫩叶、花芽和叶柄，以雌成虫和若虫吸食汁液。受害棉株长势衰弱，生长缓慢或停止，失水干枯，可造成花、蕾脱落；排泄的蜜露诱发的煤污病影响叶片光合作用，导致叶片干枯脱落，植物生长受抑制，严重时可造成植株大量死亡。

扶桑绵粉蚧为害棉花叶片

2. 形态特征

成虫：具雌雄二型现象。雄成虫体长约1.24mm，触角丝状，腹部末端具

2对白色长蜡丝，具1对发达前翅，附薄白色蜡粉，后翅退化为平衡棒。雌成虫体卵圆形，体长约2.77mm，被有白色蜡粉，胸部背面可见2对黑斑，腹部背面可见3对黑斑；体缘有蜡突，腹部末端2～3对蜡突较长。

扶桑绵粉蚧雌成虫

卵：长椭圆形，两端钝圆。长0.3mm左右，宽0.2mm左右。卵呈淡黄或乳白色，卵壳表面光滑有光泽，略微透明，集生于雌成虫生殖孔处产生的棉絮状卵囊中。

若虫：共3龄。1龄若虫体长约0.3mm，初孵时呈椭圆形，体表光滑，淡黄绿色，头、胸、腹分化明显，单眼半球形，突出，呈红褐色。2龄若虫雌雄分化明显。雌虫体缘有明显的齿状凸起，尾瓣突出，具尾须，体表被蜡粉覆盖，背部有明显的条纹状黑斑；雄虫呈卵圆形，背部蜡粉较雌虫厚，几乎看不到背部黑斑，体缘平滑，无尾须。3龄若虫（该龄期只有雌虫）刚蜕皮时体呈明黄色，体背的黑色斑纹很清晰。

蛹：该虫期只有雄虫。体长约1.4mm左右，整个蛹期虫体都被厚厚的蜡丝包裹着，丝上可见一些白色粉末状物体，轻轻剥开丝茧可以看见虫体呈黑灰色。

3. 发生特点

发生代数	1年可发生10～15代，繁殖量大，种群增长迅速，世代重叠严重
越冬方式	以卵或其他虫态在植物或土壤中越冬
发生规律	多营孤雌生殖，卵产在卵囊内，每个卵囊有卵150～600粒，孵化多数为雌虫，卵期很短，孵化多在母体内进行，1龄若虫行动活泼，从卵囊爬出后短时间内即可取食为害。可通过风、水、动物及人类农事活动等方式扩散，随寄主苗木或修剪下的寄主枝条等的调运进行长距离传播
生活习性	多滞留在叶背面或叶正面的叶脉处，2龄若虫和成虫多在茎秆上取食

4. 防治要点

严格检疫。清洁田园，冬耕冬灌，消灭虫源，压低基数。将受害的棉花植株连根拔起并集中处理。保护利用瓢虫等自然天敌。

第三节
花　铃　期

花铃期病虫害主要有红腐病、角斑病、红叶茎枯病、甜菜夜蛾、烟粉虱、棉叶蝉、花蓟马、亚洲玉米螟。

一、红腐病

红腐病是真菌引起的棉铃病变，病原主要为拟轮枝镰孢（*Fusarium verticillioides*）。

1. 症状特征

多在受伤的棉铃上发生，以及受到虫伤或有自然裂缝时，容易发病。病斑没有明显的界线，常常扩展至整个棉铃，在棉铃表面长出一层粉红色的粉状孢子。病铃铃壳只能半裂开或不能裂开，不吐絮，棉花纤维腐烂成僵瓣状。种子染病后，发芽率下降。

病铃

2. 发生特点

从播种到出苗，均可受到侵染，若遇潮湿天气或连阴雨时病情扩展迅速，遍及全铃，高湿利于发病。

3. 防治要点

选种健康无病的棉种。做好清洁田园，及时拔除病菌、清除田间的枯枝、落叶、烂铃等，集中烧毁，减少病菌的初侵染来源。适期播种，加强苗期管理，采用配方施肥技术，促进棉苗快速健壮生长，增强植株抗病力。及时防治花铃期病虫害，避免造成伤口，减少病菌侵染机会。

做好种子处理或拌种。可选用五氯·福美双等药剂防治。

二、角斑病

角斑病除了为害棉苗，还可为害棉铃。病原及分布等参见P34-35。

1.症状特征

多在幼铃顶端发病，初期出现油渍状的绿色斑点，逐渐扩大成圆形病斑，并变成黑色，中央部分下陷，有时几个病斑连起来成不规则形大斑。幼铃受害后常腐烂脱落；成铃受害，一般只烂1～2室，但亦可引起其他病害侵入而使整个棉铃烂掉。

角斑病棉铃症状

2.发生特点

角斑病发病率的年际间差异较大，多在结铃后期发病。病部产生带菌"溢脓"，经风雨、昆虫等传播可引起再侵染。该病发生最适温度为24～28℃，最高36～38℃，湿度85%以上条件延续时间长时，该病可严重发生。

3.防治要点

选种健康无病的棉种。做好清洁田园，及时拔除病菌、清除田间的枯枝、落叶、烂铃等，集中烧毁，减少病菌的初侵染来源。适期播种，加强苗期管理，采用配方施肥技术，促进棉苗快速健壮生长，增强植株抗病力。及时防治铃期病虫害，避免造成伤口，减少病菌侵染。

三、红叶茎枯病

红叶茎枯病又称红叶枯病、凋枯病，是棉花中后期的非侵染性生理病害，全国各棉区均有发生。

1. 症状特征

红叶茎枯病一般从蕾期开始现病，花铃期为发病高峰，有黄叶枯型和红叶枯型两种，病株维管束、木质部均不变褐，最后茎秆、枝条呈焦枯状，棉株枯死。发展严重时，全叶呈褐色、红色、橘红色坏死，叶片全部脱落。发病后，可导致根系发育不良，主根短而细，须根少，颜色深褐，根尖变黑，植株矮小。

红叶茎枯病田间症状

2. 防治要点

改良土壤，培育健壮植株。冬季翻耕晒土，促进土壤中含钾矿物的风化，增加速效钾含量。平衡施肥，在缺钾的土壤上增施钾肥。合理排灌，防旱抗旱，特别是防止后期干旱，注意出现缺钾症状时，及时给叶面喷施钾肥。

四、甜菜夜蛾

甜菜夜蛾（*Spodoptera exigua*）又称夜盗蛾、玉米夜蛾，属鳞翅目夜蛾科，是一种世界性害虫，各大棉区均有分布，在长江流域棉区发生普遍，在黄河流域棉区个别年份严重发生，近年来在西北陆地棉区有上升趋势。其寄主广泛，主要为害棉花、蔬菜、烟草、玉米、花生、甜菜、花卉等多种植物。

1. 为害特征

主要以幼虫为害，幼虫啃食叶面成孔洞或缺刻，重发时也可为害蕾、铃和幼茎。初孵幼虫群集叶背，吐丝结网，取食叶肉，留下表皮，形成透明的小孔。3龄后分散为害，可将叶片吃成孔洞或缺刻，严重时仅剩叶脉和叶柄，导致植株死亡。

甜菜夜蛾低龄幼虫为害状

甜菜夜蛾高龄幼虫为害状

2. 形态特征

成虫：体色灰褐色，体长8～14mm，翅展19～40mm。头、胸有黑点。前翅中央近前缘外方有1个肾形斑，内侧有1个土红色圆形斑。后翅银白色，翅脉及缘线黑褐色。

卵：圆球形，形似馒头，直径0.2～0.4mm，白色，卵粒重叠，呈多层的卵块，产于叶面或叶背，每块8～100粒不等，排为1～3层，外面覆有雌蛾脱落的白色绒毛，无法直接看到卵粒。

幼虫：多数为5龄，少数为6龄。老熟幼虫体长25～30mm。体色变化很大，有绿色、暗绿色、黄褐色、褐色至黑褐色，背线有或无，颜色各异。腹部气门下线为明显的黄白色纵带，有时带粉红色，直达腹部末端，不延伸至臀足上，各节气门后上方具1个明显白点，绿色型该特征最为明显。

蛹：黄褐色，体长约10mm。中胸气门外突。3～7节背面，5～7节腹面前缘密布圆形小刻点。臀棘1对，呈叉状，基部有短刚毛2根。

甜菜夜蛾成虫　　　　　　　　　甜菜夜蛾卵和初孵幼虫

3. 发生特点

发生代数	在黄河流域棉区1年发生4～5代，长江流域棉区1年发生5～7代
越冬方式	以蛹在表土层作土室越冬，在长江流域局部棉区以老熟幼虫在杂草上及土壤中越冬
发生规律	温、湿度对种群的发生有明显影响，常发生在7～9月，长江流域棉区如春季雨水少，梅雨明显提前，夏季炎热，则秋季发生严重
生活习性	耐高温，无滞育现象，发生最适温度为20～23℃。成虫昼伏夜出，飞行能力强，有趋光性，对糖、酒、醋液及发酵物质有趋性。卵多产在植物叶背面或叶柄部，幼虫有假死性

4. 防治要点

秋耕冬灌，杀死在浅层土壤中的幼虫和蛹，压低越冬虫源；及时清除杂草，切断其转移的桥梁，减少早期虫源。加强田间巡查，人工摘除卵块和聚集于叶片的初孵幼虫。

利用趋性，在成虫发生高峰期，集中连片采用灯诱、性诱、食诱等措施，进行诱杀，降低田间的落卵量，减少田间为害。

保护利用自然天敌。甜菜夜蛾天敌主要有草蛉、猎蝽、蜘蛛、步甲等。

抓住卵孵化盛期或低龄幼虫期进行药剂防治。

五、烟粉虱

烟粉虱（*Bemisia tabaci*）又称小白蛾、银叶粉虱、烟草粉虱等，属半翅目粉虱科，广泛分布于各大棉区。烟粉虱是多食性害虫，寄主范围广泛超过600种，适应性强，可为害棉花、烟草、大豆，以及十字花科、葫芦科、豆科、茄科等植物，还可为害观赏植物和野生杂草。

1. 为害特征

烟粉虱以成虫和若虫直接刺吸植物汁液，受害叶片正面出现褪色斑，虫口密度高时出现成片黄斑，严重时导致棉株衰弱，甚至可使植株死亡，引起蕾铃大量脱落。烟粉虱若虫和成虫分泌的蜜露可诱发煤污病，降低叶片的光合作用，影响棉花产量和纤维品质。烟粉虱还可以传播病毒病，如棉花曲叶病毒。

烟粉虱为害叶片状

烟粉虱田间为害状

2. 形态特征

烟粉虱属于渐变态昆虫，其个体发育分为卵、若虫、成虫3个阶段。若虫共4龄，通常将3龄若虫蜕皮后形成的4龄若虫，称为伪蛹或拟蛹。烟粉虱的形态特征变异很大，形态的改变是烟粉虱对微环境的一种适应。

成虫：体淡黄白色到白色。雌虫体长约0.91mm，翅展约2.1mm；雄虫体长约0.85mm，翅展约1.81mm。翅2对，白色，被蜡粉。前翅脉1条，不分叉，静止时左右翅不能完全合拢。复眼红色，肾形，单眼2个。雌虫尾端尖形，雄虫呈钳状。

卵：长梨形，约0.2mm，有光泽，有小柄，与叶面垂直，端部卵柄插入叶面，以获取水分避免干死。大多不规则散产于叶背面。卵初产时淡黄绿色，孵化前颜色加深至深褐色。

若虫：体椭圆形，扁平，灰白稍透明，腹部透过表皮可见2个黄点。

烟粉虱成虫

1龄有足和触角，能爬行迁移，体周围有蜡质短毛，尾部有2根长毛。在2～3龄时，足和触角等附肢退化，仅有口器，体缘分泌蜡质，固着为害。3龄蜕皮后形成伪蛹，体淡绿色或黄色，边缘薄或自然下垂，无周缘蜡丝，顶部三角形，具有1对刚毛。

3. 发生特点

发生代数	在长江流域棉区烟粉虱1年发生11～15代，黄河流域棉区1年发生9～11代，西北内陆棉区1年发生6～10代，世代重叠
越冬方式	9月下旬随着棉花收获，烟粉虱陆续向温室蔬菜、花卉转移，进入越冬期。新疆冬季寒冷，烟粉虱不能在室外越冬，主要在温室大棚内的各类寄主植物上越冬，终年繁殖
发生规律	在长江流域棉区于7月中下旬在棉田出现，在8月下旬出现种群高峰，9月下旬种群密度迅速下降，10月上旬田间烟粉虱成虫消失。黄河流域棉区烟粉虱于6月中旬工始迁入棉田，7月中下旬大量迁入，8月中下旬和9月中旬达到高峰，持续到9月底至10月初。在西北内陆棉区于5～6月迁移到大田，为害甜瓜、大田蔬菜及杂草，6月底甜瓜收获，转移至棉花继续为害，7月下旬至8月中旬虫口密度达到高峰，9月下旬随着棉花收获，数量减少
生活习性	烟粉虱耐高温和耐低温的能力均比较强，低湿干燥有利于种群的发生。成虫具有趋嫩性和群集性，喜群集于棉花植株上部嫩叶背面取食汁液和产卵，随着新叶长出，成虫不断向上部新叶转移。成虫对黄色有强烈的趋性，不善飞翔。棉田发生初期各虫态在棉株不同高度的垂直分布比较接近，随着烟粉虱种群密度和枝叶繁茂度的增加，棉田烟粉虱成虫、若虫和卵多分布于棉花植株的上部叶片，但也有成虫均匀分布于整个植株等其他情况。一般靠近设施蔬菜大棚的棉田，烟粉虱发生为害往往偏重

4.防治要点

种植抗虫或抗病毒的品种。结合整枝打杈，摘除带虫老叶并带出田外妥善处理，减少烟粉虱传播的范围。避免与果菜混栽，以免形成烟粉虱的桥梁作物，与玉米间作、邻作，可减轻棉花上烟粉虱的发生，还可种植烟草、向日葵作为诱集植物，减少棉花上烟粉虱的发生。棉花苗床应远离温室。

有效保护和利用自然天敌，可明显降低烟粉虱的田间数量，可通过使用对天敌杀伤力小的生物农药，减少化学农药对天敌的杀伤作用。利用烟粉虱的趋黄色性，田间放置黄色粘虫板诱杀成虫。

当棉株上、中、下3片叶总虫量达到200头时，选用溴氰虫酰胺、氯氟·啶虫脒、氟啶虫胺腈等药剂进行防治。

六、棉叶蝉

棉叶蝉（*Amrasca biguttula*）又称棉叶跳虫、棉浮尘子、棉二点叶蝉等，属同翅目叶蝉科，广泛分布于全国各棉区，以黄河流域棉区发生为害严重。棉叶蝉食性杂，不仅为害棉花，还可为害茄子、烟草、豆类、白菜、甘薯等植物。

1.为害特征

棉叶蝉以成虫和若虫在叶片背面取食汁液。棉叶受害初期，叶尖端呈橘黄色，逐步蔓延到叶边缘，并向叶片中央扩展，叶片由橘黄色变为橘红色而焦枯，向背皱缩。严重时全田似火烧状，棉株矮小，蕾铃大量脱落，产量受影响。此外，棉叶蝉还传播病毒病。

棉叶蝉成虫为害状

2. 形态特征

成虫：体长约3mm，淡黄绿色，前胸中央有纵行白色宽带，两侧各有1个大白斑。小盾片淡黄绿色，中央白带及两侧白斑与前胸背板相接。前翅有光泽，半透明，翅端1/3处有1块黑褐色斑。

卵：长肾形，长约0.7mm，宽约0.2mm，初产时无色透明，近孵化时淡绿色。

若虫：共5龄。初孵时体色较淡，头大，足长，无翅，以后体色逐渐变深。5龄时前翅翅芽达第4腹节，黄色，后翅翅芽达第4腹节末端。

棉叶蝉成虫

棉叶蝉若虫

3. 发生特点

发生代数	黄河流域棉区1年发生6~8代，长江流域棉区1年发生8~14代
越冬方式	越冬前的成虫多栖息在寄主近地面的叶片背面，以卵在田埂杂草根际或裂缝处越冬
发生规律	黄河流域棉区每年迁入棉田的始见期在6月下旬至7月上旬，为害盛期在8月上旬至9月下旬，10月上中旬数量开始下降；长江流域棉区为害盛期在7月中旬至9月中旬
生活习性	成虫常栖息在植株中上部叶背，喜光喜热，温度较高时，成虫活跃，有弱趋光性；卵多在白天孵化，初孵若虫常群集为害，爬行迟缓，停留在孵化处取食为害，3龄后迁移为害；高温干旱繁殖量增加，为害加剧

4. 防治要点

选用多毛的抗虫品种，集中连片种植，适时早播。合理密植，增施磷钾肥和有机肥，促进棉花健壮生长，提高抗害能力。加强田间管理，及时清除田间及田边杂草，尤其是冬季和早春清除杂草，消除其越冬场所。保护利用蜘蛛、蚂蚁、瓢虫、草蛉、隐翅虫等棉叶蝉天敌。抓住若虫盛发期使用药剂喷雾防治。一般发生年份可结合防治棉铃虫、棉红铃虫等进行兼治。

七、花蓟马

花蓟马（*Frankliniella intonsa*）又称黄蓟马，属缨翅目蓟马科，分布于黄河流域、长江流域和西北内陆棉区，集中在花铃期为害。寄主植物主要有棉花、水稻及十字花科、豆科、菊科等植物。

1. 为害特征

花蓟马主要集中在棉花上中部嫩叶背面及花蕊中，锉吸汁液为害。为害嫩叶，造成叶片皱缩为害。为害花蕊，造成子房栓化发黑，很容易伤害柱头，使棉桃出现开裂。为害幼铃，导致铃面出现不同形状的锈色斑纹，严重时造成僵铃、裂铃、棉桃发霉或僵瓣花。

花蓟马为害花瓣　　　　　　　　花蓟马为害棉铃（锈色斑纹）

2. 形态特征

成虫：雌成虫体长约1.3mm，黄褐色，雄成虫较小，淡黄色。触角8节，单眼间鬃较粗长。前胸背板前有长鬃4根，一对近前角，一对近中部，每后缘角有2根长鬃。前翅微黄色，上下脉鬃连续，上脉鬃19～22根，下脉鬃14～16根。

花蓟马成虫

卵：肾形，长约0.2mm，宽约0.1mm。初产时乳白色，略带绿色，头的一端有卵帽，近孵化时可见红色眼点。

若虫：共4龄。1龄若虫乳白色；2龄若虫橘黄色，第4节触角长与粗相等；3龄若虫叫前蛹，淡黄色，翅芽伸达腹部第3节，触角向头的两侧张开；4龄若虫叫伪蛹，淡黄色。

3. 发生特点

发生代数	在长江流域棉区1年发生11～14代，在黄河流域、西北内陆棉区1年发生6～8代
越冬方式	以成虫在枯枝落叶层、土壤表层中越冬
发生规律	世代重叠明显，7月下旬至9月是为害高峰期，若虫活动性差
生活习性	成虫具有强烈趋花性；棉豆套种、棉（油）菜套种、棉花绿肥套种，以及靠近绿肥、油菜田的棉田发生为害重

4. 防治要点

秋深翻和冬灌；冬春及时清除田间及四周杂草，减少虫源；加强棉田管理，不与大葱、蒜、洋葱邻作、轮作或间作。

保护和利用天敌，如有横纹蓟马、宽翅六斑蓟马、小花蝽、中华微刺盲蝽和瓢虫等。

化学防治参见"烟蓟马"。

八、亚洲玉米螟

亚洲玉米螟（*Ostrinia furnacalis*）又称钻心虫，属鳞翅目螟蛾科，是一种多食性害虫，在我国从南至北分布广泛，主要为害玉米、高粱、谷子、棉花、豆类等多种植物。

1. 为害特征

亚洲玉米螟初孵幼虫为害棉株时，先从嫩头下部或上部叶片的叶柄基部蛀入，使嫩头和叶片凋萎下垂或折断。叶片枯死后，向主茎蛀食，导致植株上部枯死或折断。二代幼虫也为害幼蕾和幼铃。三代玉米螟主要蛀食棉铃，常从青铃基部和中部蛀入，蛀孔外有大量潮湿的虫粪，引起棉铃腐烂。

亚洲玉米螟为害状

2. 形态特征

成虫：雄蛾体长10～14mm，翅展20～26mm。雌蛾翅展26～30mm。雄成虫黄褐色，前翅淡黄色，内、外横线锯齿状，其间有2个小褐斑，外缘线与外横线间有1条宽大褐色带，后翅淡褐色，中部亦有2条横线与前翅的内、外线相接。雌虫较肥大，前后翅颜色比雄虫淡，内、外横线及斑纹不明显，后翅黄白色线纹常不明显。

卵：椭圆形，稍扁，长约1mm，宽约0.8mm，略有光泽。初产乳白色，渐变为淡黄色，孵化前端部出现小黑点。常20～60粒排成鱼鳞状卵块。

幼虫：老熟幼虫体长20～30mm，体色深浅不一，多为淡灰褐色或红褐色，有纵线3条，中央背线较明显，暗褐色。

蛹：纺锤形，黄褐至红褐色，体长15～18mm。臀棘黑褐色，端部有5～8根向上弯曲的钩刺。雄蛹瘦削，尾端较尖；雌蛹腹部肥大，尾端较钝圆。

亚洲玉米螟成虫

亚洲玉米螟幼虫

3. 发生特点

发生代数	黄河流域棉区 1 年发生 2～4 代，长江流域棉区 1 年发生 4～5 代，西北陆地棉区 1 年发生 1～2 代
越冬方式	以老熟幼虫在玉米等寄主被害部位及根茬中越冬
发生规律	越冬幼虫于 5 月上旬化蛹，5 月底至 6 月初羽化。第 1 代幼虫主要为害春玉米，以后各代成虫的盛发期分别为 7 月中旬，8 月上中旬和 9 月上旬；第 2 代幼虫开始为害棉花，产卵于棉株中、下部叶背
生活习性	成虫昼伏夜出，有趋光性；适宜生存温度为 16～30℃；在棉花与玉米、高粱并存的情况下，亚洲玉米螟主要为害玉米、高粱

4. 防治要点

在春季越冬幼虫羽化盛末期，采用深翻、沤肥、粉碎等方法处理秸秆，或秸秆粉碎还田，降低越冬幼虫数量。

利用成虫的趋光性，使用杀虫灯和性诱剂诱杀成虫。

保护和利用自然天敌。天敌主要有赤眼蜂、长距茧蜂、黑卵蜂、草蛉等。人工释放赤眼蜂，可显著降低亚洲玉米螟卵孵化率。

抓住卵孵化初期至盛期，选择合适的药剂进行防治。

第三章
棉花主要病虫害绿色防控技术

第一节
农业防治技术

一、选用抗（耐）病虫品种

因地制宜选用抗枯萎病、耐黄萎病品种，优先选用抗虫棉兼抗（耐）病性较好的优质高产品种。种子质量符合国家有关标准，可选早熟性好、易管理、结铃吐絮集中的优质棉花品种。

二、合理轮作

合理布局棉田，提倡棉花与冬小麦间作，尽量避免棉花与大面积的春玉米、加工番茄、十字花科作物邻作，并远离集中连片的温室大棚，减少棉铃虫、棉盲蝽、烟粉虱转移为害。枯萎病、黄萎病重发地块要与非锦葵科作物实行3年以上轮作。

三、健身栽培

整枝打杈，抹赘去顶，清除老叶、无效蕾，恶化害虫产卵场所，改善通风透光条件，避免枝叶过度郁闭，减轻枯萎病、黄萎病、红叶茎枯病等为害，减少蕾铃脱落。花铃期应及时浇、排水，做好棉田沟渠疏通，避免渍涝害。及时化控调控株型，按照"少量多次、前轻后重"的方式喷施缩节胺，确保棉株"壮而不旺、稳健生长"。棉花吐絮期喷施落叶催熟剂，可用乙烯利或噻苯隆，使棉花集中落叶和吐絮，便于棉花采摘。

四、科学施肥

播前增施生物有机肥，生长期注意增施钾肥，防止花铃期棉株氮素含量过高，增强抗倒、抗病能力，防止棉花铃期早衰。分次追肥，重施花铃肥，适当补施盖顶肥。

五、清洁棉田

棉花生产期间，及时清除棉田周围的荒地、空白地上无保育天敌功能的杂草，中耕除草，减少害虫的转移为害。棉花收获后及时清除棉秆和病虫残体，秋季深翻，有条件的棉区秋冬灌水保墒，压低病虫越冬基数。

秋季深翻

第二节
生态调控技术

一、种植功能植物涵养天敌

　　西北内陆棉区在田边和林带下种植苜蓿等植物，保留田埂边的苦豆子、甘草、骆驼刺、罗布麻、新疆大蒜芥、顶羽菊等植物带，其他棉区田边或条带种植香雪球、蛇床草、波斯菊、百日菊等显花植物，引诱、涵养天敌，增强天敌对棉蚜、棉铃虫、棉叶螨和棉盲蝽等害虫的控制能力。推行棉花和冬小麦插花种植，保护利用自然天敌。在麦后直播棉区推迟灭茬，小麦收获后，秸秆在田间放置2～3天，使天敌充分向棉株转移。

田边种植功能植物

A. 香雪球　B. 蛇床草

二、种植诱集植物诱杀害虫

　　诱集植物通过吸引、转移、拦截或保留有针对性的昆虫或其病原体载体，从而减少危害。研究发现，苘麻、烟草对棉田烟粉虱和棉铃虫具有良好的诱集作用，因此可在棉铃虫常发区棉田周边种植玉米、苘麻条带，诱集棉铃虫成虫产卵，集中杀灭。研究发现，绿盲蝽偏好绿豆、蚕豆等植物，中黑盲蝽偏好蚕豆、草木樨等植物，三点盲蝽偏好扁豆、紫花苜蓿等植物，因此可在棉盲蝽发生地块棉田四周种植1～2m宽的绿豆，诱杀棉盲蝽。

种植玉米、油菜诱集带

第三节
理化诱控技术

一、昆虫性信息素

棉铃虫越冬代成虫始见期至末代成虫末期，棉田和周边寄主作物田连片使用棉铃虫性诱剂，每亩设置1个挥散芯和1个干式飞蛾诱捕器。长江流域棉区斜纹夜蛾常发区，大面积连片使用斜纹夜蛾性诱剂，每亩设置1个挥散芯和1个夜蛾型诱捕器，群集诱杀成虫，降低田间落卵量。杂草多或与枣园、树林相邻的早发棉田，安装绿盲蝽性信息素盒诱杀绿盲蝽成虫。

棉铃虫性诱捕器　　　　　　　　　食诱剂诱集盒

二、生物食诱剂

生物食诱剂是利用害虫完成生殖发育、繁殖、迁飞时需要补充能量的习性，采用植物挥发物引诱成虫取食，并利用加入的杀虫剂，将诱来的成虫杀死，达到防治害虫的目的。具体使用上，在夜蛾科害虫（棉铃虫、甜菜夜蛾、地老虎等）主害代羽化前1～2d，连片施用生物食诱剂，以条带方式滴洒，间隔50～80m，整行棉株顶部叶面均匀施药，诱杀成虫。

三、杨树枝条诱蛾

用两年生带叶杨树枝条捆成长70cm左右、直径10～15cm的杨树枝把，上紧下松呈倒伞形，于二代棉铃虫羽化高峰期，立于棉田四周，每亩摆放2～3把，高于棉株20～30cm，日出前集中捕杀杨树枝把上的棉铃虫成虫。杨树枝把白天置于阴湿处，每7～10d更新一次。

第四节
生物防治技术

一、保护利用天敌

天敌昆虫专门捕食或寄生害虫，是害虫的自然控制因子。棉田中害虫的自然天敌资源丰富。捕食性天敌主要有瓢虫类（龟纹瓢虫、异色瓢虫、多异瓢虫、菱斑巧瓢虫、十一星瓢虫等）、蜘蛛类（草间小黑蛛、八斑球腹蛛、T纹豹蛛、三突花蛛、斑管巢蛛、侧纹蟹蛛等）、捕食蝽类（姬猎蝽、微小花蝽、异须盲蝽、大眼蝉长蝽等）、草蛉类（叶色草蛉、中华草蛉、丽草蛉、大草蛉等）、食蚜蝇类（大灰食蚜蝇、黑带食蚜蝇、梯斑食蚜蝇、凹带食蚜蝇、斜斑鼓额食蚜蝇、短翅细腹食蚜蝇等）、隐翅虫类（青翅隐翅虫）等。棉田寄生性天敌共14个科，包括赤眼蜂、侧沟茧蜂、齿唇姬蜂、多胚跳小蜂、蚜茧蜂、寄生蝇等，以蚜茧蜂、金小蜂、柄腹金小蜂为主。

推广抗病品种、优化作物布局、培育健康种苗、改善水肥管理等健康栽培措施，并结合作物间套种、天敌诱集带等生物多样性调控与自然天敌保护利用等技术，改造棉花病虫害发生源头及滋生环境，人为增强自然控害能力和作物抗病虫能力。如苗蚜发生期，在长江流域，当棉田天敌单位（以1头七星瓢虫、2头蚜狮、4头食蚜蝇、2头蜘蛛、120头蚜茧蜂为1个天敌单位）与棉蚜种群数量比，西北内陆棉区高于1：320时，不施药防治，充分发挥天敌控害作用。

二、人工繁殖释放天敌

棉铃虫成虫始盛期，人工释放卵寄生蜂螟黄赤眼蜂或松毛虫赤眼蜂，每代

棉田常见天敌

A. 大草蛉幼虫　B. 草蛉成虫　C. 七星瓢虫幼虫　D. 异色瓢虫成虫

放蜂2～3次，间隔3～5d，每次放蜂10 000头／
亩*，降低棉铃虫幼虫量。在棉花叶螨点片发生
期，每个中心株挂一袋胡瓜钝绥螨、巴氏新小
绥螨等捕食螨，每亩释放100 000头／次，控制
棉叶螨发生。

　　根据棉田害虫及其天敌的发生消长情况，
确定害虫防治适期及方式，在棉花生长早期，
尽量少采取化学防治，需要采取药剂防治时，
应选用对天敌影响较小的高效、低毒、低残留
农药及有效低剂量，并采用对天敌比较安全的

可降解赤眼蜂球形释放器

---

　　*　亩为非法定计量单位，1亩 ≈ 667m²。

施药方法，如土壤施药、涂茎、点心、毒土等，尽量局部用药，挑治重点田块及点片发生区。

三、使用生物农药

使用氨基寡糖素、枯草芽孢杆菌、解淀粉芽孢杆菌预防或防治枯黄萎病；烟碱防治棉蚜；阿维菌素防治棉叶螨；甘蓝夜蛾核型多角体病毒、棉铃虫核型多角体病毒、多杀霉素防治棉铃虫；斜纹夜蛾核型多角体病毒、球孢白僵菌防治斜纹夜蛾等。

生物农药施药时间应适当提前2～3d，并选择适宜的天气施药。喷施要均匀，叶片正反面喷遍，为提高药剂黏着性，稀释时可加入少许助剂。苏云金杆菌、枯草芽孢杆菌等生物活体的生物农药不与化学杀菌剂混用。

生物农药——苏云金杆菌

第五节
合理用药技术

一、种子处理

针对苗期主要病虫种类和种子带菌情况，选用适宜的杀虫剂、杀菌剂进行种子包衣预防处理，包衣种子可以再包衣，进一步减少苗期喷药。杀虫剂可选用吡虫啉或噻虫嗪种子处理剂，杀菌剂可选用枯草芽孢杆菌、苯醚甲环唑、咯菌腈、吡唑醚菌酯等，植物生长调节剂可选用芸苔素内酯、赤·吲乙·芸苔、氨基寡糖素等。

二、化学防治

害虫低龄幼（若）虫期或虫量达到防治指标时、病害在发病初期，选用高效、低毒、低残留农药，并使用高效施药器械进行施药防治，注意交替轮换用药。

1.棉蚜

当益害比低于防治指标时，黄河流域棉区和西北内陆棉区苗蚜3片真叶前卷叶株率达5%～10%时，或4片真叶后卷叶株率达10%～20%时，进行药剂点片挑治。伏蚜单株上中下3叶蚜量平均200～300头时，全田防治。合理选用氟啶虫胺腈、氟啶虫酰胺·烯啶虫胺、双丙环虫酯、吡蚜酮等药剂交替使用。

2.棉叶螨

点片发生时或有螨株率低于15%时挑治中心株，有螨株率超过15%时全田防治。药剂选用乙螨唑、阿维菌素等杀螨剂。

3.蓟马

苗期和蕾期以烟蓟马为主，主要通过噻虫嗪、吡虫啉等种子包衣防治。花铃期以花蓟马为主，可选用噻虫嗪等喷雾防治。

4.棉盲蝽

以保蕾、保顶尖为重点，达标用药。防治指标：西北内陆棉区以牧草盲蝽为主，百株虫量蕾期12头、花铃期20～40头；黄河流域棉区以三点盲蝽、绿盲蝽为主，百株虫量蕾期5头、花铃期10头；长江流域棉区以绿盲蝽、中黑盲蝽为主，新被害率3%或百株虫量5头。由田边向内施药，药剂选用啶虫脒、噻虫嗪、氟啶虫胺腈等。

5.棉铃虫

选用氯虫苯甲酰胺、虱螨脲、茚虫威、氟铃脲等。

6.苗病

发病初期尤其是遇低温阴雨天气时及时药剂防治，选用枯草芽孢杆菌、多抗霉素、噁霉灵等药剂喷施。

7.黄萎病和枯萎病

苗期至蕾期发病前或发病初期，选用枯草芽孢杆菌、氨基寡糖素、乙蒜素等药剂喷施或随水滴施。

8.铃病

发病前或初见病时，以花蕾和幼铃为重点喷药预防，或花铃期雨前预防、雨后及时喷药控制，药剂可选用三乙膦酸铝、多抗霉素等。

第四章

棉花全生育期病虫害
绿色防控技术模式

第一节
绿色防控技术集成概论

一、总体情况

　　绿色是农业的本色，农业是绿色发展的主战场。推进病虫害绿色防控，是贯彻绿色发展理念，促进质量兴农、绿色兴农、品牌强农的关键措施。农作物病虫害绿色防控，是采取生态调控、农业防治、生物防治、理化诱控和科学用药等技术和方法，将病虫害危害损失控制在允许水平，并实现农产品质量安全、农业生产安全以及农业生态环境安全的植物保护措施。"绿色植保"理念于2006年在全国植物保护工作会议上正式提出，后于2020年将"绿色防控"措施写入《农作物病虫害防治条例》。国家鼓励和支持开展农作物病虫害防治科技创新、成果转化和依法推广应用，普及应用信息技术、生物技术，推进防治工作的智能化、专业化、绿色化，鼓励专业化病虫害防治服务组织使用绿色防控技术，农作物病虫害绿色防控进入"有章可循、有法可依"的新阶段。

　　近年来，在农业农村部种植业管理司等有关司局支持下，全国农业技术推广服务中心组织各地通过建立分作物绿色防控示范区、开展新技术新产品试验展示、举办绿色防控培训宣传活动、组织申报绿色防控示范基地等方式，积极转变传统病虫害防控方式，逐步探索全生育期绿色防控技术模式集成，全面提高农作物病虫害绿色防控水平。绿色防控技术集成主要聚焦生态工程、生物防治、物理诱杀、昆虫信息素应用、害虫食诱、植物免疫诱抗和生物农药应用等技术，围绕水稻、小麦、玉米、棉花、果树、蔬菜和茶树等农作物，研发绿色防控技术集成产品，建设绿色防控集成基地，在全国各地涌现出了一批"政府推动、技术驱动、企业助动和专业合作社带动"的技术集成推广典型，绿色防控已从过去的"一盏灯、一个板、一个网"逐步进入"法治化、规范化、高效化"的新时代。据统计，2023年主要农作物病虫害绿色防控面积12.7亿亩、绿色防控覆盖率达到54.1%，同比提高2.1%。通过大力推进病虫害绿色防控技术集成，对促进农药使用减量化，提升农产品质量安全水平和推动农业绿色发展发挥了重要作用。

二、基本原则

随着农业供给侧结构性改革深入推进，当前农业技术推广从农业的"一农"服务向农业农村农民的"三农"服务转变，由农业的"一产"向农业加工业服务业的"三产"融合转变，体系力量组成由"一主多元"向"多元互补、高效协同"融合丰富，在"藏粮于地、藏粮于技"新形势、新任务、新要求下，长期过度依赖传统防治方法来控制病虫害，不仅难以应对复杂气候条件下病虫灾害突发频发的新挑战，而且也难与现代农业发展新要求相适应，因此，绿色防控技术集成是促进农作物病虫害可持续控制的重要途径，也是贯彻新理念、构建新格局、促进种植业高质量发展的具体行动。做好绿色防控技术集成，需要做到以下原则：

1. 绿色化

《农作物病虫害防治条例》明确指出，农作物病虫害防治要做到智能化、专业化、绿色化，绿色化成为绿色防控技术集成需要遵循的首要原则和重要前提。绿色发展理念贯穿在防治技术集成的全过程，彻底改变"见虫打药、发病治病"等被动防治思路，积极营造"防患未然、治早治小"的绿色防控氛围。从防控策略上，遵循有害生物综合防治原则，以农田生态系统为中心，根据有害生物与环境之间的相互联系，充分发挥自然控制因素的作用，因地制宜协调采取必要的措施，将有害生物控制在经济损害允许水平之下，实现农业生产综合效应；从防控措施上，以作物健身栽培为基础，采用抗（耐）病虫品种、生态调控、生物农药等绿色防控措施，保护利用生物多样性，发挥生态系统的自然控害能力，合理使用高效、低风险农药，推进绿色防控和统防统治融合发展，促进病虫害可持续治理。

2. 实用化

农民是农业生产主体、市场主体，广大农业劳动者和新型经营主体共同构成农业技术服务的需求方，因此，绿色防控技术集成，要以生产需求为导向，以产业链为主线，着力开展务实管用的全程化技术集成，提供实用化综合解决方案，实现经济效益、社会效益和生态效益的"三效统一"。同时，要充分平衡好技术复杂度和农户接受度，实现复杂技术的轻简化，从而提高绿色防控新技术采用比率，解决绿色防控技术的使用成本过高和劳动力投入过多的问题，加强科研单位、企业和推广部门开展联合攻关，研发更多简便、实用、价廉的绿色防控技术和产品，降低产品成本，让农民能用、会用、愿意用。

3. 系统化

进入植保发展新阶段，病虫害全程治理技术集成是病虫防治的基本要求，在病虫害防治过程中，生产主体不仅注重单一病虫的防治，更关注全生育期整体病虫害的防治，不但要关注地上看得见的病虫害防治，还要关注地下看不见的病虫害的防治，不仅要关注病虫害防治措施，还要综合考虑品种选用和栽培管理等手段，需要立足于不同的单项技术有机整合，不同技术模式集成创新，以便取得最佳防治效果。同时，绿色防控技术集成系统化很大程度上取决于技术配套的规范化、合理化和标准化，因温度、降水等气候因素以及土壤自然禀赋差异，导致不同地区农业生产条件不相同，决定不同地域病虫害防治呈现不同特点，因此，技术集成需要做好顶层设计，加强统筹规划，"分作物、分病虫、分地区"地最大程度贴合生产实际，通过系统化技术集成带动防治工作科学化。

三、实现路径

绿色防控技术集成是将一系列针对个别病虫害、局部生长阶段的单项绿色防控技术进行研究、评价、精炼与组装配套的过程，基本过程涵盖技术选择、应用技术研究、技术组装配套、技术标准化等环节。技术集成要以粮食作物主产区、经济作物优势区，以及长江经济带、黄河流域等生态保护区为重点，推行分区施策、分类指导、联防联控，集成推广以生态区域为单元、作物生长全程为主线，经济实用、简便有效、农民乐意接受的绿色防控技术模式，实现集成熟化、示范展示、推广应用紧密结合，形成一批贯穿农业生产全过程的绿色防控技术解决方案，切实发挥技术集成对种植业绿色高质高效发展的推动作用。

1. 以主要作物为主线

各地根据当地主栽作物、栽培技术、主要产业，结合当地重大病虫害发生特点及绿色防控技术研发进展等情况，组装关键绿色防控技术产品，形成全程绿色化防控技术模式。如新疆聚焦棉花经济作物，集成了"清洁田园＋种植诱集带＋理化诱杀＋生物农药＋化学防治"的西北内陆棉区绿色防控技术模式，如吉林聚焦玉米作物，集成了"白僵菌封垛＋种子包衣＋诱杀成虫＋释放赤眼蜂＋生物农药"的东北春玉米区病虫害绿色防控技术模式，如陕西聚焦小麦作物，集成了以土壤深翻、合理施肥为基础，抗病品种为关键，通过杀菌剂、杀虫剂和植物免疫诱抗剂种子处理，环境友好型农药"一喷三防"的西北麦区绿色防控技术模式。

2. 以标靶害虫为主线

针对小麦"三病一虫"、水稻"三虫两病"、玉米"三虫两病"等主要农作物病虫害，集成组装绿色防控技术和产品，推广一批可复制、可持续的技术模式和综合解决方案，依托各级植保机构，建立区域性集成示范基地，开展技术集成、中试、验证、示范和推广，辐射带动绿色防控水平整体提升。如湖南分类分区开展针对二化螟的绿色防控技术集成，以各地二化螟实际发生为害程度为主要依据，结合种植结构、气象条件等因素，将各农业县（市、区）分为一类防控区（重发区），二类防控区（潜在危险区），三类防控区（一般发生区）三大类防控区，制定"主攻一类重发区，兼顾二、三类防控区"防控思路，集成组装农业防治、生态调控、理化诱控、生物防治和科学用药等综合防控技术，切实控制二化螟为害，保障水稻生产、稻米质量和稻田生态安全。

3. 以技术产品为主线

随着农作物绿色防控工作深入推进，相关的绿色防控研发实力不断增强，绿色防控产品逐渐丰富，在政策支持和项目带动下，一大批理化诱控、生物天敌等绿色防控产品生产企业日益壮大，为绿色防控技术集成提供了有利条件。在理化诱控方面，头部企业拥有近百种昆虫信息素产品，能满足对二化螟、稻纵卷叶螟、大螟、棉铃虫、番茄潜叶蛾、苹果蠹蛾、梨小食心虫等多种主要病虫害防治需求，并以自有产品线为集成中心，为生产主体组装提供全套的病虫害综合解决方案。例如在生物防治方面，利用天敌和生物农药等作用范围广、靶标对象多、兼容性高的优势特点，开发集成相应的"生物防治+"的绿色防控技术模式，具体来讲，比如赤眼蜂可寄生玉米螟、黏虫、棉铃虫、斜纹夜蛾和地老虎等鳞翅目害虫，苏云金杆菌可防治小菜蛾、甘蓝夜蛾、螟虫、棉铃虫等多种不同的害虫，将两类产品进行优化组合，熟化集成"人工释放天敌+生物农药+"的绿色防控技术模式。

第二节
西北内陆棉区

一、植棉总体情况

西北内陆棉区包括新疆、甘肃等省份，是中国棉花主要生产区域，棉花播种面积、产量、单产等指标连续多年居全国第一，其中新疆成为国家优质棉生产基地。棉花作为国家战略物资，围绕棉花产业发展，各地通过政策引导、技术引领、项目带动等综合措施，保障了棉农收益，稳定了棉花生产、提升了棉花质量。西北内陆棉花种植经过多年探索，根据本地种植制度和气候特点，创新地发展实践出了"矮密早"的种植模式，大力推行"良种、良法、良机、良制"配套，集成推广了干播湿出、水肥一体化、精量播种、全程机械化等一系列配套创新技术，大力保障了重要农产品的稳定供给，推动棉花产业转型升级和可持续发展。

二、全生育期棉花病虫害发生概况

西北内陆棉区由于作物布局、年度气候、耕作制度、栽培方法、田间管理、用药情况等方式不同，棉花病虫害的种类丰富多样，发生为害也随年份和地区呈现不同特点和趋势。加之，部分地区棉花集中大面积连作时间长达多年，病虫害发生演替更加复杂多元，亟须突出抓好主要病虫害防治，关注次要病虫害的发生态势，以推进棉花病虫害的可持续治理。

苗期：病虫害发生种类少，为害程度轻。主要有立枯病、猝倒病、地老虎、苗蚜、棉叶螨、棉蓟马等。苗期立枯病的为害程度与春季气温条件关系较大，一般在低温多雨天气，苗病发生偏重。

蕾期：病虫害进入频发多发阶段。主要有枯萎病、黄萎病、棉叶螨、棉蚜、棉盲蝽、棉铃虫、双斑长跗萤叶甲等，其中棉盲蝽、棉蚜和棉叶螨在蕾期为害较重。

花铃期：病虫害进入高发阶段。主要有铃病、枯萎病、黄萎病、棉叶螨、棉蚜、棉盲蝽、棉蓟马、棉铃虫、甜菜夜蛾等。其中棉蓟马、棉蚜、棉叶螨、棉铃虫在花铃期为害较重。

三、新疆棉区病虫害绿色防控技术模式

（一）防控策略

新疆棉花病虫害防控从农田生态系统整体出发，以农业防治为基础，以物理防治和生物防治为主，以保护天敌的自然生态调控为核心，以采用高效、低毒、低残留的化学防控为补充，结合高效植保机械精准施药技术，做好棉花各类病虫害的综合防控。

病害：种子包衣＋苗期中耕＋喷施生长调节剂，其中枯萎病、黄萎病采用"抗（耐）性品种＋喷施生长调节剂"的防控策略。

棉铃虫：播前铲埂除蛹＋棉花生育期灯光诱杀成虫、性诱剂诱杀成虫、食诱剂诱杀成虫、杨树枝把诱集成虫＋苘麻诱集带诱集成虫产卵＋化学药剂喷施防治幼虫。

棉蚜：消灭越冬蚜源＋种子包衣＋黄板诱蚜＋点片挑防＋条带式普防。

棉叶螨：种子包衣＋苗期打药封锁地边＋集中防治。

棉蓟马：秋翻冬灌＋苗期打药封锁地边＋重点防治。

棉盲蝽：消灭越冬虫源＋清除杂草寄主＋灯光诱杀＋色板诱杀＋药剂防治。

（二）关键技术措施

1.播种期

（1）农业防治　推广应用"秋翻冬灌"技术，尤其秋季棉铃虫重发棉田，及重发小麦、番茄田收获后全部实施翻地灭蛹，有效压低棉铃虫、甜菜夜蛾、地老虎、棉蓟马等害虫越冬基数；结合春季整地开展铲埂除蛹，清理田边杂草，有效降低棉蚜、棉叶螨、棉蓟马等害虫基数。

（2）科学选用抗（耐）病虫品种　按照"高产、优质、机采、抗病虫"的原则，选择株型紧凑、抗逆性强、抗病虫、品质高的品种。南疆早中熟棉区可用塔河2号、源棉8号、新陆中38号、新陆中55号、新陆中61号；北疆早熟棉区可用中棉113、新陆早78号、惠远720、金科20、新陆早79号、新陆早80号、新陆早84号等。

（3）种子包衣处理　南北疆因地制宜地根据棉田主要病虫发生种类，选择适宜杀菌剂、杀虫剂的种子处理剂进行包衣或拌种。选用噻虫嗪、吡虫啉、萎

棉铃虫重发田秋翻灭蛹

锈·福美双、咯菌腈等进行包衣；选用枯草芽孢杆菌、氨基寡糖素等药剂拌种，促根壮苗，提高棉苗抗病性。

2. 苗期

（1）健身栽培　遵循"破板、结早、定苗"的原则，促进壮苗早发，结合定苗拔除病株。科学水肥运筹、培育健壮植株，提高棉花抗逆性，进而提升抗病虫能力。因苗施策，针对受春季低温天气影响或苗病偏重的棉田，及时中耕、喷施枯草芽孢杆菌、多抗霉素、氨基寡糖素、芸苔素内酯等药剂，以控制病害发生和促进棉苗健康生长。

瓢虫捕食棉蚜

蚜茧蜂寄生棉蚜并使其僵化

（2）生态调控

①合理布局作物。采用棉粮、棉果邻作或粮棉轮作，有效减轻土传病害黄萎病、枯萎病的发生，也为招引天敌栖息、生存和繁衍创造良好的空间。

②天敌控害。棉田周边的苦豆子、甘草、骆驼刺、苜蓿等植物为草蛉、蚜茧蜂、瓢虫等天敌繁殖创造条件，增强天敌对棉蚜、棉盲蝽、棉叶螨等的控害能力。

③种植诱集作物。在棉田周围种植苘麻、玉米等诱集带，以利于诱集棉铃虫产卵并集中消灭，减少棉田棉铃虫落卵量，减轻棉铃虫为害，同时有利于保护天敌，为其提供繁殖场所。

间行种植玉米诱集带

（3）科学用药

①防治病害。针对苗病，随棉田头水滴施枯草芽孢杆菌、氨基寡糖素、芸苔素内酯等药剂，可以控制枯萎病、黄萎病等苗病发展。加强中耕松土，提高地温，促进作物生根和稳健生长，提升抗病能力。

②防治虫害。针对棉苗，做好早春温室大棚、居民室内花卉的灭蚜工作，防止棉蚜迁入棉田为害，以保益控害为中心，充分利用自然天敌控制为主，中心蚜株达到防治指标进行点片挑治。针对棉蓟马，棉花出苗至4片真叶期，喷施棉田周边保护带、杂草和临近作物，围绕埂地边10～20cm，每10d喷一次。

3. 蕾期至花铃期

（1）健身栽培技术　适时整枝打顶，打群尖和摘除无效花蕾并带出田外处理，消灭部分棉铃虫虫卵，降低田间虫量。且做好棉花封控，喷施磷酸二氢钾，利于棉株健壮，可对棉铃虫起到趋避作用，降低棉铃虫田间产卵量。棉田周边的冬麦、番茄收获后，及早翻耕晒地，消灭田间棉铃虫蛹，降低虫源基数。

（2）理化诱控技术

①利用昆虫信息素。棉田使用性诱捕器及专性昆虫信息素，按照每公顷

15～20个进行设置,科学合理进行阶段性逐代诱杀成虫,降低棉铃虫、甜菜夜蛾、地老虎等种群数量。

②灯光诱杀。每2～3hm²配置一盏频振式杀虫灯,于田间内顺行网格式架设,高度不低于1.5m。用于诱杀棉铃虫、甜菜夜蛾、地老虎等趋光性害虫。

使用性诱剂诱杀鳞翅目害虫　　　　　　　　　　架设杀虫灯

③食诱剂诱杀。棉田使用食诱剂诱杀棉铃虫,在棉铃虫羽化始盛期,棉田每隔100m滴洒一行、两侧各滴洒一列食诱剂。

④色板诱杀。利于害虫的趋色性,在棉田四周悬挂黄板和蓝板,诱杀棉蚜、棉蓟马、棉盲蝽等害虫。

食诱剂诱杀　　　　　　　　　　　　　　　　色板诱杀

(3) 生物防治　利用生物制剂苏云金杆菌、棉铃虫核型多角体病毒、甘蓝夜蛾核型多角体病毒等药剂喷雾防治棉铃虫。棉铃虫成虫始盛期,人工释放卵寄生蜂螟黄赤眼蜂，每代放蜂2～3次，间隔3～5d，每次放蜂10 000头／亩，降低棉铃虫幼虫量。

（4）生态调控 在一代、二代棉铃虫羽化高峰期，推广使用杨树枝把诱蛾技术。每公顷摆放30～45把，用两年生带叶杨树枝条捆成长约70cm、直径10～15cm的杨树枝把，上紧下松呈倒伞形，高于棉株20～30cm，立于棉田四周，日出前集中捕杀成虫。注意杨枝把白天置于阴湿处，每7～10d更新一次。

（5）科学用药

①棉铃虫。选择在卵孵化高峰、二龄幼虫前进行防治，可使用氯虫苯甲酰胺、茚虫威、溴氰虫酰胺等药剂。采取带状或田外封闭喷药方式，选择对天敌较安全的农药并注意交替轮换使用，最大限度保护天敌，尽量降低棉铃虫的抗药性。

②棉蚜。优先选用苦参碱、藜芦碱等植物源药剂，或采用双丙环虫酯、啶虫脒、氟啶虫胺腈、氟啶虫酰胺等环境友好型药剂防治，严禁使用菊酯类等广谱性杀虫剂。

③棉叶螨。前期做好田间虫情调查，当发现田边植株有棉叶螨时进行点片防治，后期棉田有螨株率超过15%时，可选用阿维菌素、四螨嗪、哒螨灵、螺螨酯、乙唑螨、炔螨特等药剂防治。

使用高效器械进行喷药作业

④棉蓟马。花铃期棉蓟马为害偏重。当棉田每朵花棉蓟马数量达150头，采取化学药剂防治，应选择清晨和傍晚天气凉时施药，药剂使用吡虫啉、噻虫嗪、氟啶虫胺腈等药剂防治。

⑤棉盲蝽。当棉田盲蝽达到防治指标时，使用吡虫啉、啶虫脒、噻虫胺、噻虫嗪、氟啶虫胺腈等药剂防治，间隔7d后再次施药。

（三）技术路线图

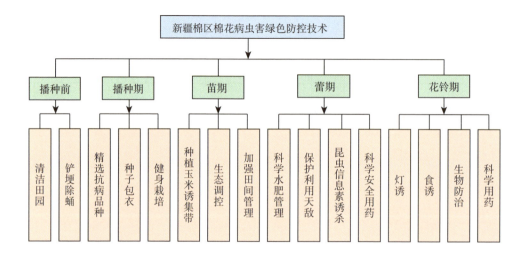

（四）技术效果

通过实施绿色防控，示范区化学农药应用次数减少1～2次，农药使用量减少10%，病虫害损失控制在3%以内，达到控害保产作用。同时田间生态系统有较大幅度改善，草蛉、瓢虫、蚜茧蜂、蜘蛛等天敌的数量明显上升，有效降低病虫害暴发的可能性，为棉花病虫害的可持续防控奠定了基础，充分保障了棉花生产安全和棉田生态安全。

（五）注意事项

（1）绿色防控以预防为主，防控技术措施应用要提前，科学使用高效低风险化学农药，减少化学农药应用次数和应用量。

（2）田间管理时要做好病虫发生情况调查，做到达标用药、对症用药、轮换用药。

（3）绿色防控技术实施应结合病虫害预测预报，抓住最佳防治关键期，适时科学合理地运用药剂防治。

四、甘肃棉区病虫害绿色防控技术模式

（一）防控策略

甘肃棉区棉花病虫害主要有枯萎病、棉蚜、棉叶螨、棉蓟马、棉铃虫等。本区域的防控策略主要从农田生态系统整体出发，以农业防治为基础，选用抗（耐）病虫品种，采用种子包衣处理、苗期预防等措施，以物理和生物防治为抓手，利用性信息素诱集技术、灯光诱杀技术、种植天敌诱集带、保护和利用棉田天敌、充分发挥天敌的自然生态调控作用。同时，辅以高效低风险化学农药，减少化学农药使用量，使用植保无人机统防统治，进行棉花全生育期病虫害的综合防治，增强棉田的持续和安全控害能力，实现减药控害、绿色增效，保障棉花生产安全和农田生态安全。

（二）关键技术措施

1. 农业防治技术

（1）轮作倒茬，合理布局　实行轮作倒茬，避免长期连作。棉花枯、黄萎病发生严重的地块，实行与小麦、玉米等作物轮作。棉田尽可能远离棚室，以防止烟粉虱、潜叶蝇等害虫向棉田扩散为害。

（2）秋翻冬灌　棉花收获割秆后，及时清除田间残枝落叶和田埂杂草，对有条件的地块进行秋翻冬灌，破坏病菌和害虫越冬环境，降低翌年病虫基数。

（3）选用抗病品种　选用经审定高抗枯萎病、黄萎病的高产、优质棉花优良品种及无病包衣种子，剔除受伤、干瘪种子，保证一播全苗。常用品种有中棉113、陇棉10号、国审棉Z1112、新陆早58号、新陆早84号等。

（4）田间管理　适时调整播期，合理密植，播前结合整地，铲除田间及四周地埂上的杂草；及时中耕提温除湿，合理追肥，促进棉苗早发，培育壮苗，优化群体结构，增强抗逆性。结合甘肃省土壤数据，实施测土配方平衡施肥。

2. 理化诱控技术

（1）灯光诱杀　棉田安装杀虫灯，每2～3hm²棉田安装1盏频振式杀虫灯，诱杀棉铃虫、甜菜夜蛾、地老虎等夜蛾类害虫，有效减轻其对棉花的为害。

（2）性信息素诱杀　在棉铃虫成虫盛发期，在棉田均匀放置棉铃虫性诱捕器，配合性诱剂，吸引性成熟的雄成虫，将其困死在笼中，减少田间雌雄成虫交配率，降低田间有效卵量，有效控制或减轻棉铃虫对棉花的为害。

架设频振式杀虫灯　　　　　　　　　利用性诱捕器诱杀棉铃虫

3. 生物防治技术

（1）种植显花植物　在棉田埂、路边种植荞麦，在田边和林带下种植苜蓿等植物，引诱、涵养天敌，为天敌寄生蜂提供蜜源和栖息场所，增强天敌对棉蚜、棉铃虫、棉叶螨控制能力。

种植显花植物——油菜

（2）种植玉米诱集带　在棉田四周或者行间种植早熟玉米品种形成诱集带，确保玉米抽雄期与棉田二代棉铃虫产卵期吻合，并于7月中旬棉铃虫产卵孵化盛期，集中喷药防治或砍除，减少棉田落卵量。

田间地头种植玉米诱集带

（3）悬挂天敌引诱剂　自棉花出苗后，在示范田每亩均匀放置天敌引诱剂，悬挂于作物中上部，距离地面80～100cm，吸引寄生蜂、草蛉、瓢虫、食蚜蝇、捕食螨等天敌，发挥田间自然天敌控害能力，减缓农药施用时间和施药次数。

（4）选用生物制剂　尽量减少使用广谱性药剂，在田间发现中心病（虫）株需要防治时，应采用点片施药、隔行施药等挑治的方式，避免大面积、连片用药，以保护天敌。防治棉田棉铃虫、地老虎可选用苏云金杆菌、棉铃虫核型多角体病毒，防治棉叶螨可选用阿维菌素等。

悬挂天敌引诱剂

（5）田间留草引诱　中耕除草时可在行间留部分田旋花、灰藜等杂草诱集地老虎，并适时采用毒饵集中诱杀低龄幼虫。膜间也可套种油菜、荞麦等诱集地老虎，5月中下旬对诱集作物进行适时集中灭杀。

4. 化学防治技术

（1）种子处理　针对苗期主要病虫害种类，选用适宜的杀虫剂、杀菌剂、植物生长调节剂进行种子包衣。杀虫剂可选用噻虫嗪等，杀菌剂可选用枯草芽孢杆菌、苯醚甲环唑、咯菌腈、吡唑醚菌酯、萎锈·福美双等，植物生长调节剂可选用赤·吲乙·芸苔等。

对棉花种子进行包衣处理

（2）选用高效、低风险农药　加强田间调查，根据棉花不同生育期的病虫害种类，正确选用高效低风险化学农药，科学用药，优先采取植保无人机进行统防统治，提高病虫害防控效果。防治棉蚜选用氟啶虫胺腈、啶虫脒等；防治棉叶螨选用乙螨唑、炔螨特、阿维菌素等；防治棉蓟马选用噻虫嗪等；防治黄萎病选用乙蒜素、氨基寡糖素等。

植保无人机在棉田上进行飞防作业

（三）技术路线图

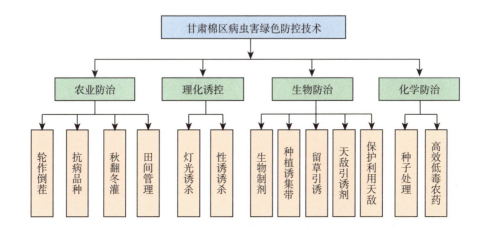

（四）技术效果

通过绿色防控技术措施的综合应用，棉花生产在经济效益、生态效益、社会效益方面都取得积极成效，得到了广大农户的认可。

1. 经济效益

据测产，对照农户自防区，绿色防控处理区亩增产约5kg，全程施药减少3次。开展棉花病虫害绿色防控，明显降低了化学农药使用次数、防治成本和病虫害损失，提高了棉花品质和农户收益，推动了棉花可持续发展需求。

2. 生态效益

绿色防控技术的应用，减少了农药使用次数和使用量，保障了棉花生产安全，同时，减轻了药剂对环境的污染，降低了药剂残留风险。棉田生物多样性增加，有益生物种群数量增加，生态效益显著，保障了农田生态系统稳定和安全。

3. 社会效益

绿色防控技术措施的推广应用，逐步提高了示范区棉农的绿色防控意识，由不规范大量使用农药向高效、低风险、低残留农药及生物农药转变，由被动防治向主动预防开始转变。通过开展棉花病虫害绿色防控工作，提高了农户对天敌重要性认识，促进了棉花产业的绿色发展。

（五）注意事项

（1）做好农作物病虫监测工作，病虫测报点要安排专职测报人员，全面掌握棉花病虫发生种类和规律，定期巡查预测预报设备，并结合气象条件作出病虫害发生趋势预测。

（2）要定期清理杀虫灯、诱捕器，一般7～10d清理1次。

（3）根据棉田虫害发生实际情况，及时采取化学防治，科学精准使用高效低风险农药，按照药剂的使用说明，选择有效的使用浓度和药量，不可随意加大或降低药剂的使用浓度和剂量。同时，应交替使用农药，以增强药效，延缓抗性产生，控制病虫害蔓延为害。

第三节
黄河流域棉区

一、植棉总体情况

黄河流域棉区包括山东、河北、河南、天津、陕西和山西等省份，主要集中在山东、河北两省。种植品种以抗虫棉为主，占90%以上，主要采用春棉一熟单作和两熟套种，种植方式多为麦（蒜、瓜）套春棉或夏棉。受耕作模式、种植技术、市场效益及劳动力等因素影响，棉花种植面积明显下降，局部收缩集中趋势较为明显，河北省逐步向黑龙港流域的邢台和衡水转移，山东省逐渐向鲁西南、鲁西北、鲁北三大优势区集中。

二、全生育期棉花病虫害发生概况

黄河流域棉区的病虫害种类较多，常年发生近40种，其中发生面积大、危害重的主要有棉蚜、棉铃虫、棉叶螨、棉盲蝽、棉蓟马、枯萎病、黄萎病、苗病、炭疽病、铃病、红叶茎枯病等。总体上棉花虫害略重于病害，区域间差异较大。

播种期至苗期：主要有苗病、枯萎病、黄萎病、棉蚜、棉叶螨、棉盲蝽、棉蓟马和地下害虫等，其中枯萎病、炭疽病在河北发生略重，棉蚜、棉盲蝽在山东和河北发生普遍，为害较重。

蕾期：主要有棉盲蝽、棉铃虫、棉叶螨、枯萎病、黄萎病、红叶茎枯病等，其中红叶茎枯病在河北为害较重。

花铃期：主要有棉蚜、棉叶螨、棉铃虫、棉盲蝽、斜纹夜蛾、烟粉虱、铃病等，其中棉蚜、棉铃虫在山东、河北发生普遍，棉叶螨、铃病在河北发生较重。

三、山东棉区病虫害绿色防控技术模式

（一）防控策略

　　坚持"预防为主，综合防治"的原则，针对棉花全生育期主要病虫，重点抓好播前预防、苗期挑治、花铃期控害。优先采用抗（耐）病虫品种、种子处理、生态调控、农艺和生物防治技术，发挥棉花自身补偿作用，利用生态调控和自然天敌控害作用，增强棉田的持续和安全控害能力。药剂防治实行达标用药，优先选用安全、低风险、环境友好型药剂，科学精准用药。

（二）关键技术措施

1. 播种期

　　（1）选用抗（耐）病虫品种　结合耕作方式，因地制宜优选高产、抗逆强、抗（耐）病虫品种，鲁北等实行一年一熟棉花单作种植模式地区，可用鲁棉338、鲁棉1131、山农棉14号、鲁棉336、鲁杂311等品种；鲁西南等蒜（麦）田套作棉区，可用鲁棉301、鲁棉303、鲁棉1157、鲁棉263、鲁棉243、鲁棉2 387等品种；蒜（麦、油）后直播棉区，可用鲁棉245、鲁棉551、鲁棉532、鲁棉241、中棉所94A361等早熟短季棉品种。

　　（2）种子处理　根据苗期主要病虫种类，选用合适杀虫、杀菌剂种衣剂或种子处理剂，进行种子包衣或拌种，必要时对市场购买的包衣种子，进行二次包衣。防病害，可用含枯草芽孢杆菌、苯醚甲环唑、咯菌腈等成分药剂包衣或拌种；防虫害，可选用含噻虫嗪等成分种衣剂。

　　（3）健身栽培　推广"秋耕深翻，压盐造墒，种肥同播，培肥地力，高质机播"等健身栽培技术。选用无菌土壤制钵育苗，培育无病壮苗，黄萎病重发区深翻土壤30cm。枯萎病、黄萎病重发地块要与非锦葵科作物实行3年以上轮作；精细整地的同时，清除荒地、田埂和渠边的病虫残体和杂草，压低病虫越冬基数。麦（油）后直播棉区，小麦、油菜收获后，秸秆在田间放置2～3d，推迟灭茬，使天敌充分向棉株转移，保益控害。

秋耕深翻

机械播种

2. 苗期

（1）生态调控　棉田周边田埂或条带种植蛇床子、百日菊、波斯菊等显花植物，引诱、涵养天敌，增强天敌对棉蚜、棉铃虫、棉叶螨、棉盲蝽等的控制作用。棉铃虫常发区棉田周边种植玉米、苘麻条带，诱集棉铃虫成虫产卵，集中杀灭。棉盲蝽发生棉田四周种植1～2m宽的绿豆，诱杀棉盲蝽。推行棉花和冬小麦插花种植，保护利用自然天敌。

种植蛇床子

种植玉米和油葵条带

（2）科学用药

①苗期病害。为预防枯萎病、黄萎病，可实行疏通"三沟"（围沟、横沟、

厢沟），增施腐熟的有机肥和生物肥，合理增施磷、钾肥，补充微肥，氮肥可选用碳酸氢铵作追肥。发病前或初见病时连续用药2～3次，间隔10d，叶面喷施与喷淋灌根相结合，可喷施枯草芽孢杆菌、多抗霉素、氨基寡糖素等药剂控制。苗期雨后晴天时及时中耕松土，增加土壤通透性，提高土层温度，培育健苗壮苗，减轻立枯病为害。

②苗期虫害。苗蚜：以自然天敌控制为主，3片真叶前卷叶株率达5%～10%，或4片真叶后卷叶株率10%～20%时，进行药剂点片挑治，卷叶株率达到10%以上时全田施药防治，可用氟啶虫胺腈、双丙环虫酯等。棉叶螨：当棉田有螨株率低于15%时挑治中心株，超过15%时进行全田统一防治，可选用炔螨特、联苯菊酯等药剂。

3. 蕾期和花铃期

（1）加强栽培管理　分次追肥，重施花铃肥，适当补施盖顶肥；精细整枝，清除老叶、无效蕾及所整枝条，改善通风透光条件，减轻枯萎病、黄萎病、红叶茎枯病等为害，减少蕾铃脱落；及时浇、排水，保持棉田无积水。及时喷施缩节胺，控制棉花生长。

（2）人工释放天敌　棉蚜发生初期，放置异色瓢虫卵卡100张/亩，每张卡20粒卵，15d释放一次，连续释放2次，可控制棉蚜。棉铃虫成虫始盛期，人工释放螟黄赤眼蜂或松毛虫赤眼蜂，每次放蜂10 000头/亩，每代放蜂2～3次，间隔3～5d，可有效降低棉铃虫幼虫量。

使用植保无人机人工释放赤眼蜂

赤眼蜂寄生棉铃虫的卵

（3）害虫诱杀　棉铃虫越冬代成虫始见期至末代成虫末期，棉田和周边寄主作物田连片使用棉铃虫性诱剂。杂草多或与枣园、树林相邻的早发棉田，安装绿盲蝽性信息素盒诱杀绿盲蝽成虫。夜蛾科害虫（棉铃虫、甜菜夜蛾、地老虎等）主害代羽化前1～2d，连片施用生物食诱剂，以条带方式滴洒，间隔50～80m，整行棉株顶部叶面均匀施药，诱杀成虫。

性诱棉铃虫

食诱棉铃虫

（4）科学用药

①铃病。及时去空枝、打老叶，摘除烂铃和斜纹夜蛾卵块并带出田外深埋处理，改善通风透光条件，降低田间湿度和郁闭度，减少田间病虫基数。同时，应避免偏多、偏迟施用氮肥，防止棉花贪青徒长。铃病常发区，发病前或初期，以花蕾和幼铃为重点喷药预防，可用三乙膦酸铝、多抗霉素等药剂。

②伏蚜。单株上中下3叶蚜量平均200～300头时，全田防治，可选用噻虫嗪、烯啶虫胺、啶虫脒等药剂，兼治其他害虫。

③棉铃虫。百株低龄幼虫量超过10头时，优先选用甘蓝夜蛾核型多角体病毒、棉铃虫核型多角体病毒、多杀霉素等生物农药防治。轮换使用茚虫威、虱螨脲、氟铃脲等药剂。

④棉盲蝽。重点防治早发、杂草多及与枣园、树林相邻的棉田。当百株虫量蕾期5头、花铃期10头以上时实施药剂防治，施药时间应在9：00前或16：00后，由田边向内施药。可用金龟子绿僵菌、氟啶虫胺腈、氯氟·啶虫脒等，兼治棉蚜、烟粉虱等。

⑤棉叶螨。点片发生时，或有螨株率低于15%时挑治中心株，有螨株率超

过15%时全田防治，选用杀螨剂控制为害，可用乙螨唑、阿维菌素等。

（三）技术路线图

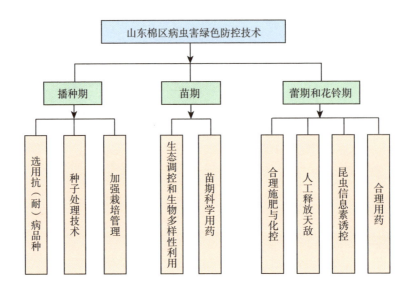

（四）技术效果

近年来，山东省全面推广棉花全生育期绿色防控技术，病虫害绿色防控覆盖率达50%以上，综合防效得到明显提升，棉蚜、棉铃虫、棉盲蝽等为害损失逐步降低，产量挽回损失20%以上；加大瓢虫、草蛉和寄生蜂等天敌的保护和利用力度，优先采用生物防控，减少了农药施用次数，农药减量25%以上，保护了农田生态环境，提升了棉花品质，切实增加了棉田经济效益、生态效益和社会效益。

（五）注意事项

（1）要抓住关键时期，达标防治，避免"见虫就打、见病就防"。

（2）要轮换、交替使用不同作用机理的药剂；避免盲目加大药剂剂量，导致农药残留、药害增加。

四、河北棉区病虫害绿色防控技术模式

（一）防控策略

河北棉区棉花病虫害防控秉持"绿色、生态、高效"理念，在常规防治棉花病虫害基础上，大力推广使用以种植抗（耐）性品种、种子包衣处理、生态调控、理化诱控、微生物农药等为主的绿色防控技术措施，探索集成以发挥棉田生物多样性为核心，以本地主要病虫害为主攻对象，适宜河北棉区的病虫害绿色防控技术模式。

（二）关键技术措施

1. 农业防治

深松耕作，配方施肥，合理密植，足墒播种。选用冀中棉608、欣抗棉318等抗枯萎病、耐黄萎病品种，利用地膜覆盖技术，起到保温增温、保墒提墒、稳定土壤结构的作用；根据棉花苗期主要病虫种类，选用适宜的杀虫剂、杀菌剂、植物生长调节剂或专用种衣剂，如多抗霉素、吡虫啉、芸苔素内酯，进行种子包衣或再包衣，发挥抗病壮苗的预防效果；开展配方施肥，现蕾后喷施钾肥，并根据土壤养分情况合理喷施硼肥和锌肥，花铃期避免偏多、偏迟施用氮肥，防止棉花贪青徒长。

棉花覆膜种植

2. 生态调控

在棉田周边田埂种植紫花苜蓿、波斯菊、万寿菊、蛇床子等显花植物，引诱、培育和涵养天敌，增强对棉蚜、棉铃虫、棉叶螨的控制作用。在田间天敌种群规模较小情况下，人工放置天敌引诱剂，吸引棉田周围天敌转移定殖，增加寄生蜂等自然天敌的种群数量，提高对靶标害虫的防治作用。

种植显花植物

A. 波斯菊　B. 百日草

3. 理化诱控

（1）性诱剂诱杀害虫　在棉铃虫越冬代成虫始见期至末代成虫末期，均匀放置棉铃虫性诱捕器，定期更换一次性诱芯。大面积连片群集诱杀棉铃虫，减少田间雌雄成虫交配率，降低田间落卵量，有效减轻棉花蕾铃的被害率。

田间放置性诱捕器

（2）食诱剂诱杀害虫　对于棉铃虫、地老虎、甜菜夜蛾等夜蛾科害虫重发田块，根据各地监测结果，可在害虫主害代羽化前1～2d，以条带方式，每隔50～80m在各棉株顶部叶面，均匀滴洒生物食诱剂，可诱杀成虫。

4. 保护利用天敌控害

棉花生长前期注重保护利用棉田自然天敌，充分发挥天敌控害作用。一是合理保护利用棉田周边植物，辅助天敌越冬越夏，为天敌提供适宜的栖息场所和条件；二是利用天敌引诱剂人工增加寄生蜂等自然天敌的种群数量，提高寄生蜂对棉蚜的控制作用；三是根据棉田害虫及其天敌的发生消长情况，确定害虫防治适期及方式。

棉田自然天敌

A. 七星瓢虫　B. 草蛉

利用天敌引诱剂增加棉田天敌

5. 人工释放天敌

在棉花生长前期，注重保护利用棉田自然天敌、充分发挥天敌控害的基础上，结合对棉铃虫发生规律的监测，选择在棉铃虫成虫始盛期，人工释放卵寄生蜂螟黄赤眼蜂，放蜂量每次10 000头／亩，每代放蜂2～3次，间隔3～5d，降低棉铃虫幼虫量。

田间释放赤眼蜂

6. 药剂防治

在害虫低龄幼（若）虫量达到防治指标和病害发病初期，优先使用氨基寡糖素、金龟子绿僵菌、苦参碱、除虫菊素、印楝素、棉铃虫核型多角体病毒等生物农药，同时根据棉花不同生育时期不同病虫害，选用高效、低毒、低残留农药进行防治，注意交替轮换用药。防治棉花苗病可用噁霉灵，防治棉蚜选用氟啶虫胺腈、双丙环虫酯等，防治棉铃虫选用虱螨脲、氟啶脲、茚虫威等，防治棉盲蝽选用噻虫嗪、氟啶虫胺腈等。

（三）技术路线图

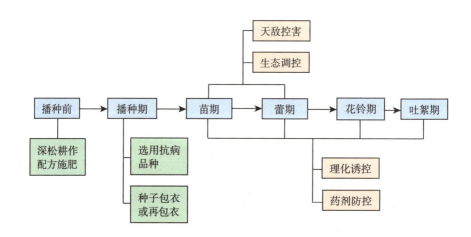

（四）技术效果

通过采取种子处理、理化诱控、人工释放天敌等绿色防控措施，发挥了抗病壮苗、持续控害、环保高效的作用，产生了明显的经济效益、生态效益和社会效益。

1. 经济效益

开展棉花病虫害绿色防控，明显降低了化学农药使用次数、防治成本和病虫害损失，提高了棉花产量。调查结果表明：相对农户自防区，绿色防控示范区棉花生育期平均化学防治次数减少4次，示范区农药和人工投入比非示范区每亩减少100元；据测产，绿色防控区平均亩籽棉产量比非示范区增产约15kg。

2. 社会效益

通过开展棉花病虫害绿色防控工作，一方面转变了示范区棉农的见虫打药的防治思维，示范户由传统用药习惯向使用高效、低毒、低残留农药和生物农药方面转变，根据病虫害发生程度科学用药。另一方面提高了示范区棉农的绿色防控意识和水平。通过技术培训、田间指导有效地提高了示范户的绿色防控技术运用水平，通过合理运用各种有效措施，科学防治病虫害，达到提高防效，确保生产安全，减少农药使用量的目的。

3. 生态效益

通过采取有效的绿色防控技术和保护措施，减少了农药使用次数和使用量，其中绿色防控示范区化学农药使用减少40%，辐射带动区减少10%以上，从而减少了农药对环境的污染，促进了农田生态平衡，表现为棉田生物多样性增加，有益生物种群数量增加，草蛉、蜘蛛、瓢虫等天敌昆虫数量明显增多，生态效益显著。

第四节
长江流域棉区

一、植棉总体情况

长江流域棉区是我国三大优质棉花产区之一，地处中亚热带和北亚热带湿润季风气候区，该区在秦岭淮河以南至南岭，西起川西高原东麓，东到海滨，主要包括湖北、安徽、湖南、江西、江苏、浙江、四川、广西、贵州等省份，本区域雨量充沛，日照较充足，水热同步，十分适宜棉花生长。该棉区长期以油棉套作、麦棉套作为主，实现棉田多熟制生产，品种大多为抗虫杂交棉。因植棉面积较小，多为散户种植，属精耕细作型。近年来，由于劳动力成本提高，种植综合效益偏低，棉农种植积极性有所下降，长江流域棉花种植面积随之减少。

二、全生育期棉花病虫害发生概况

长江流域棉区棉花病虫害种类较多，其中发生面积大、为害重的主要有棉蚜、棉铃虫、棉叶螨、棉盲蝽、棉叶蝉、枯萎病、黄萎病、苗病、铃病、红叶茎枯病等，总体上虫害重于病害。

播种期至苗期：主要有苗病、枯萎病、黄萎病、棉盲蝽、棉蚜、棉叶螨和地下害虫等。

蕾期：主要有枯萎病、黄萎病、红叶茎枯病、棉盲蝽、棉铃虫、棉叶螨等。

花铃期：主要有铃病、棉蚜、棉叶螨、棉铃虫、棉盲蝽、烟粉虱、棉叶蝉、斜纹夜蛾和甜菜夜蛾等。

三、湖北棉区病虫害绿色防控技术模式

湖北是长江流域主要的棉花产区，由于种植结构调整，棉花种植面积逐年呈下降趋势，大户种植多为直播，小农种植多为移栽。湖北地处南北过渡地带，气候条件多样、栽培模式复杂，构成了鄂北岗地、江汉平原和鄂东丘陵三大棉区。湖北棉花病虫发生种类多达50余种，其中，主要病害有枯萎病、黄萎病、立枯病、炭疽病、猝倒病、疫病、红腐病等，虫害有棉蚜、棉盲蝽、棉叶螨、棉蓟马、烟粉虱、棉铃虫、斜纹夜蛾、甜菜夜蛾、地老虎等。

（一）防控策略

湖北棉区棉花病虫害防控坚持"预防为主、综合防治"策略，主要是播前和苗期预防，蕾期和花铃期控害。采取种植抗（耐）性品种、种子处理技术、保护利用天敌、理化诱控、合理施用农药等措施，大力推广绿色防控技术，减少化学农药使用。

（二）关键技术措施

1. 种植抗（耐）性品种

科学选择棉花品种，推荐具有较强的抗逆性、抗病虫害能力的品种。优先选用抗枯萎病、耐黄萎病、优质高产的抗虫棉品种，如华杂棉H318、鄂杂棉10号、鄂杂棉29号、铜杂411等。

2. 加强田间管理

害虫集中的地方要清除田边杂草，中耕除草，减少害虫转移为害；及时清理三沟，降低田间湿度，减轻病害发病；及时打顶并带出田外集中处理；摘除烂铃，减轻铃病；棉花收获后及时清除棉秆、病虫残体，秋季深翻，压低病虫越冬基数。

3. 种子处理技术

播前粒选，剔去虫籽、瘪籽和破损籽。提前晒种，将种子晾晒于平坦位置24～48h，利用阳光进行种子消毒。针对苗期病虫害，选用适宜的杀虫剂、杀菌剂进行种子包衣。种子包衣杀虫剂可选用噻虫嗪或吡虫啉种子处理剂，杀菌

剂可选用枯草芽孢杆菌、苯醚甲环唑、咯菌腈、精甲霜灵、吡唑醚菌酯等，可添加芸苔素内酯、氨基寡糖素等植物生长调节剂。

4. 保护和利用天敌

棉田害虫天敌主要有捕食性和寄生性两大类型，捕食性天敌包括瓢虫、草蛉、小花蝽、蜘蛛等，寄生性天敌包括蚜茧蜂、绒茧蜂、拟澳洲赤眼蜂等。早春保留田边、沟边杂草（害虫集中的地方除外），为天敌提供取食和繁殖场所，增加天敌基数。同时，种植蛇床子、波斯菊、百日菊等显花植物，给天敌提供蜜源，增强天敌繁殖能力。苗蚜发生期，棉田天敌单位与棉蚜种群数量比高于1∶320时，不施药防治，充分发挥天敌控害和棉花生育前期补偿作用。根据测报信息，在棉铃虫成虫始盛期人工释放寄生蜂螟黄赤眼蜂或松毛虫赤眼蜂，每代放蜂2～3次，间隔3～5天，每次放蜂10 000头／亩，降低棉铃虫幼虫量。

5. 理化诱控

在棉田周边种植蓖麻、苘麻等诱集植物，诱集棉蓟马、棉叶蝉、烟粉虱等，集中灭杀。连片棉田放置频振式太阳能杀虫灯，诱杀棉田害虫成虫，每2～3hm^{2}安装1盏，苗期至花铃期使用，诱杀棉铃虫、地老虎等多种害虫。悬挂黄板诱杀棉蚜、烟粉虱、棉盲蝽等，悬挂蓝板诱杀棉蓟马等，悬挂高度为色板中部与棉株冠层平齐，每亩棉田悬挂25～30块。根据病虫害测报信息，在棉铃虫越冬代成虫始见期至末代成虫末期，每亩设置1个性信息素挥散芯和1个干

杀虫灯诱杀夜蛾类、棉盲蝽等害虫成虫

式飞蛾诱捕器，群集诱杀成虫，降低田间落卵量；在斜纹夜蛾常发区，连片使用斜纹夜蛾性诱剂诱杀成虫，每亩设置1个挥散芯和1个夜蛾型诱捕器；在夜蛾科害虫（棉铃虫、地老虎、甜菜夜蛾等）主害代羽化前1～2d，以条带方式滴洒生物食诱剂，每隔50～80m在棉株顶部叶面均匀施药，诱杀成虫。

黄板诱杀棉蚜、烟粉虱、棉盲蝽等害虫

放置性诱剂群集诱杀害虫成虫

6. 合理施用农药

苗病防治，播种时选用杀菌剂进行拌种，发病初期尤其是遇低温阴雨天气时，及时进行药剂防治，优先选用多抗霉素、井冈霉素等生物药剂，或吡唑醚菌酯等化学药剂防治。枯萎病、黄萎病防治，选用枯草芽孢杆菌、氨基寡糖素、乙蒜素等喷施或随水滴施。花铃期病害发病初期可使用多抗霉素、三乙膦酸铝等药剂喷雾防治。对于棉蚜、棉盲蝽、棉叶螨、棉蓟马、棉铃虫、斜纹夜蛾等虫害，点片发生期优先选用棉铃虫核型多角体病毒、苏云金杆菌、金龟子绿僵菌、多杀霉素等生物农药，化学药剂可选氟啶虫胺腈、双丙环虫酯、阿维菌素、噻虫嗪、虱螨脲、茚虫威等，及时控害。

（三）技术路线图

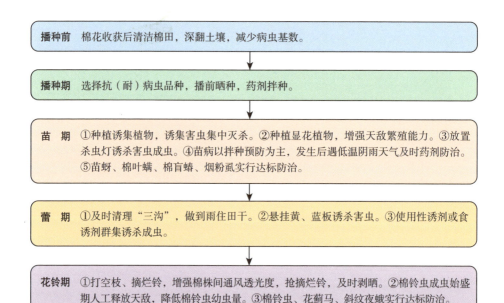

播种前	棉花收获后清洁棉田，深翻土壤，减少病虫基数。
播种期	选择抗（耐）病虫品种，播前晒种，药剂拌种。
苗　期	①种植诱集植物，诱集害虫集中灭杀。②种植显花植物，增强天敌繁殖能力。③放置杀虫灯诱杀害虫成虫。④苗病以拌种预防为主，发生后遇低温阴雨天气及时药剂防治。⑤苗蚜、棉叶螨、棉盲蝽、烟粉虱实行达标防治。
蕾　期	①及时清理"三沟"，做到雨住田干。②悬挂黄、蓝板诱杀害虫。③使用性诱剂或食诱剂群集诱杀成虫。
花铃期	①打空枝、摘烂铃，增强棉株间通风透光度，抢摘烂铃，及时剥晒。②棉铃虫成虫始盛期人工释放天敌，降低棉铃虫幼虫量。③棉铃虫、花蓟马、斜纹夜蛾实行达标防治。

（四）技术效果

2023年，湖北省棉花病虫害绿色防控覆盖率达到53.51%。通过实施棉花病虫害绿色防控技术，示范区内绿色防控技术到位率85%以上，综合防控效果达90%以上，示范区化学农药使用次数比农民自防区平均减少2次，化学农药使用量减少30%以上，示范区农药减量增效效果显著。

（五）注意事项

优先选用生物农药，注意保护和利用自然天敌。合理轮换、交替使用不同作用机理药剂，避免一季多次使用同一药剂。严格遵守农药使用操作规程，执行农药安全间隔期。

四、江西棉区病虫害绿色防控技术模式

（一）防控策略

江西棉区棉花病虫害防控注重落实种植抗（耐）病品种、种子包衣处理、苗期预防措施，推广生态调控、理化诱控、生物防治、科学安全用药等绿色防控技术，减少化学农药使用量，实现棉田可持续安全控害。

（二）关键技术措施

1. 播种前

（1）深翻清田　冬季深翻土壤，减少棉铃虫等害虫越冬基数。及时清除棉田、田埂及路边杂草，减少棉盲蝽、棉叶螨等虫口基数。

（2）加强田间管理　施足有机肥，注意氮、磷、钾肥合理搭配，避免偏施氮肥以防棉花贪青徒长。对红叶茎枯病常发地块，增施草木灰、硫酸钾等，后期可采用根外追肥。适当推迟灭茬，油菜、小麦等作物收获后的秸秆在田间堆放2～3天，有利于瓢虫等天敌向棉田转移。

2. 播种期

（1）合理轮作　与小麦、油菜等农作物实行轮作，避免长期连作，可有效预防枯萎病、黄萎病和红叶茎枯病。

（2）种子处理　针对苗期主要病虫害，对种子进行包衣、浸种等处理。杀虫剂可选用噻虫嗪等，杀菌剂可选用多菌灵、咯菌腈、苯醚甲环唑、福美·拌种灵等。

（3）培育无病壮苗　选用抗虫棉、抗枯萎病或耐黄萎病品种。选用无菌土壤制钵育苗，预防控制苗期立枯病、炭疽病等病害。

3. 苗期

（1）种植功能植物　棉田套种玉米、苘麻条带，诱集棉铃虫成虫产卵，集中杀灭。棉田插花种植苜蓿等显花植物，为天敌提供食料及栖息场所，提高天敌对棉蚜、棉铃虫等控害能力。当棉田天敌单位与棉蚜种群量比高于1∶320时，不施药防治棉蚜，苗期至蕾期棉蚜轻发时不施用化学农药防治，以保护

天敌。

（2）理化诱控

①性诱剂诱杀。在棉盲蝽等害虫成虫发生期，每亩分别挂放1套性诱捕器（含诱芯），诱杀雄虫，干扰成虫正常交配，减轻为害。

②灯光诱杀。每2～3hm²棉田安装1盏杀虫灯，灯底部距地面1.5m。5～9月，天黑开灯，天亮关灯，诱杀小地老虎、棉盲蝽等。

性诱捕器诱杀害虫

太阳能杀虫灯诱杀害虫

③色板诱杀。在棉蚜、粉虱等害虫发生为害高峰期，在田间插挂黄板，在棉蓟马等害虫发生为害高峰期，在田间挂放蓝板。色板每亩挂放20～30块，色板高出棉株20～30cm，每月更换一次。

性诱剂、色板诱杀害虫

（3）加强田间管理　及时中耕，以提温松土除草，促进根系发育，培育壮苗，增强抗病（逆）性。

（4）科学安全用药

①苗期病害。预防枯（黄）萎病，在发病前或初见病时选用氨基寡糖素、枯草芽孢杆菌、解淀粉芽孢杆菌、乙蒜素、三氯异氰尿酸、噁霉·福美双等药剂，发病严重的地区，间隔7～10d再施药1次，叶面喷施与喷淋灌根相结合，注意轮换用药。

②苗期虫害。苗期重点防治棉蚜、棉盲蝽等，可优先使用金龟子绿僵菌防治棉盲蝽，阿维菌素防治棉叶螨。棉蚜：卷叶株率达5%时，选用噻虫嗪、啶虫脒、双丙环虫酯、烯啶虫胺等药剂。棉盲蝽：百株若虫量达到5头时，选用顺式氯氰菊酯、氟啶虫胺腈、阿维·啶虫脒等药剂。棉叶螨：当有螨株率低于15%时挑治中心株，超过15%时全田统一防治，可选用炔螨特、联苯菊酯、哒螨灵、螺螨酯等药剂。

4. 蕾期和花铃期

（1）理化诱控

①性诱、灯诱、色诱。用性诱捕器在棉盲蝽、棉铃虫、斜纹夜蛾等害虫成虫发生期诱杀雄虫。用杀虫灯诱杀小地老虎、斜纹夜蛾、甜菜夜蛾、棉盲蝽、棉铃虫等。用色板诱杀棉蚜、烟粉虱等害虫。

②食诱剂诱杀。将棉铃虫生物食诱剂按1∶1比例兑水稀释后施用。由于棉铃虫生物食诱剂不含杀虫剂，稀释过程中，每升食诱剂应加入有效成分含量不低于1克的胃毒型杀虫剂，混合均匀。根据当地棉铃虫监测结果，在棉铃虫成虫高峰期前1～2d使用，每代使用1～2次。施药时间以16：00之后为宜。

（2）加强田间管理　棉花铃期及时整枝、打老叶，改善通风透光条件，将摘除的烂铃和斜纹夜蛾卵块带出田外深埋处理，减少病虫基数。旱期及时浇水，雨季及时排水。

（3）释放天敌控害　棉铃虫成虫始盛期人工释放螟黄赤眼蜂或松毛虫赤眼蜂，放蜂量每次10 000头／亩，每代放蜂2～3次，间隔3～5d，降低棉铃虫幼虫量。

（4）科学安全用药　重点防治铃病、棉铃虫、棉叶螨、斜纹夜蛾或甜菜夜蛾等。在害虫低龄幼（若）虫期或虫量达到防治指标时，病害在发病初期选用高效低毒低残留农药进行防治，注意交替用药。优先选用生物农药，可用甘蓝夜蛾核型多角体病毒、棉铃虫核型多角体病毒、多杀霉素防治棉铃虫，球孢白僵菌防治斜纹夜蛾。

①铃病。适时喷药预防，当病铃率达3%时施药防治，可选用乙蒜素、辛菌胺醋酸盐等药剂。

②棉蚜。在百株蚜量达1 000头以上时，选用噻虫嗪、啶虫脒、双丙环虫酯、烯啶虫胺等药剂。

③棉叶螨。当有螨株率低于15%时挑治中心株，超过15%时全田统一防治，可选用炔螨特、联苯菊酯、哒螨灵、螺螨酯等药剂。

④棉盲蝽。当百株虫量达10头时，选用顺式氯氰菊酯、氟啶虫胺腈、阿维·啶虫脒等药剂。

⑤棉铃虫。当日平均百株卵量二代达30粒、三至五代达20粒，或当抗虫棉百株低龄幼虫（3龄以内）达10头时，选用茚虫威、甲氨基阿维菌素苯甲酸盐、氯氰菊酯、氟铃脲等药剂。

⑥斜纹夜蛾：当亩有卵块2块以上时，选用甲维·氟铃脲等药剂。

（三）技术路线图

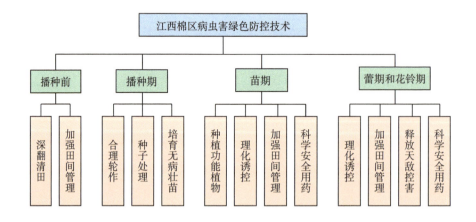

（四）技术效果

通过实施棉花绿色防控技术，取得了明显的经济效益、生态效益和社会效益。

1. 经济效益

实施绿色防控技术可明显降低农药使用次数、防治成本和病虫害损失，提高棉花单产。调查结果表明：棉花病虫害绿色防控示范区年用药防治次数比农户自防区平均减少3次，平均亩节约药剂防治成本35～55元。其中，平均亩节约农药成本20～30元，亩节约施药用工费15～25元。同时，示范区病虫害损失率一般为3%～4%，比农户自防区减少3%～6%。

2. 生态效益

集成推广生态调控、理化诱控、生物防治、科学安全用药等绿色防控技术，既有效控制了棉花病虫为害，又保护了棉田生态环境，天敌数量明显增加。据调查，示范区瓢虫、草蛉等天敌数量是农户自防区的2.67～2.97倍。

3. 社会效益

通过示范推广棉花病虫害绿色防控技术，棉农防治病虫害从单纯依靠化学农药向综合应用各项绿色防控技术转变，化学农药使用次数明显减少，棉农收益增多，绿色植保理念深入人心，促进了棉花产业绿色、健康发展，社会效益十分显著。

（五）注意事项

（1）理化诱控诱杀害虫，应大面积连片应用。注意及时更换诱芯、色板，及时清理杀虫灯、诱捕器。

（2）应用生物农药时，施药应提前2～3d，确保药效。

（3）在本棉区，应暂停使用对棉蚜等害虫抗性较高的高效氯氰菊酯、溴氰菊酯、吡虫啉等药剂，注意轮换使用不同作用机理药剂，避免长期、单一使用同一药剂，严格按照推荐的剂量使用，延缓抗药性发展。

主要参考文献

丁丽丽，李贤超，马江锋，2023．2022年新疆兵团棉花主要病虫害发生特点及原因分析［J］．中国棉花，50（5）：1-3．

公义，张路生，王增君，等，2023．山东省棉花病虫害绿色高效防控技术协同示范与推广应用［J］．中国农技推广，39（2）：51，78-79．

李国英，2017．新疆棉花病虫害及其防治［M］．北京：中国农业出版社．

芦屹，李晶，魏新政，等，2022．新疆棉花蚜虫综合防治技术规程［J］．中国棉花，49（1）：38-41．

陆宴辉，2024．中国棉花有害生物图鉴［M］．北京：中国农业出版社．

全国农业技术推广服务中心，2007．中国植保手册·棉花病虫害防治分册［M］．北京：中国农业出版社．

舒畅，余昌喜，2008．江西棉花病虫害预测预报与防治［M］．南昌：江西科学技术出版社．

唐睿，孙宪银，卓富彦，等，2021．近5年中国棉花主要病虫害发生演替及防控分析［J］．新疆农业科学，58（12）：2208-2219．

杨俊杰，张求东，彭传华，等，2012．湖北棉花害虫种类调查及其主要害虫发生特点初报［J］．华中昆虫研究，8：123-130．

余立风，朱景全，朱晓明，2020．棉田硫丹替代技术和病虫害绿色防控技术模式［M］．北京：中国环境出版集团．

曾娟，陆宴辉，简桂良，等，2017．棉花病虫草害调查诊断与决策支持系统［M］．北京：中国农业出版社．

中国农业科学院植物保护研究所，中国植物保护学会，2015．中国农作物病虫害［M］．北京：中国农业出版社．

卓富彦，王爱郡，崔栗，等，2022．2011—2020年河北省棉花种植情况及病虫害发生防控特点［J］．中国植保导刊，42（8）：42-45．